气象安全生产工作指南

中国气象局安全生产委员会　组织编写

气象出版社
China Meteorological Press

内容简介

本书根据《气象部门安全生产工作指南(试行)》策划编写，以习近平总书记关于安全生产工作重要论述和重要指示精神为根本遵循，主要介绍气象部门安全生产相关知识，包括气象安全生产总论、气象部门安全生产管理体系、安全生产“十问”工作法、防雷与升放气球安全管理、人工影响天气作业安全、综合气象观测业务安全、机房环境安全、内部公共安全生产等，并附有相关典型事故案例。

本书主要面向全国气象部门各级领导以及从事人工影响天气作业、防雷安全监管、观测业务安全和内部安全管理人员，强化学习习近平总书记关于安全生产的重要论述和安全生产相关法律法规，指导做好气象相关领域的各项安全生产工作，突出政策性、规范性、指导性和实操性，是气象部门负责安全生产的管理人员和相关从业人员必备的工作参考书。

图书在版编目（CIP）数据

气象安全生产工作指南 / 中国气象局安全生产委员会组织编写. -- 北京 : 气象出版社, 2024. 9 (2024. 12重印).

ISBN 978-7-5029-8298-0

Ⅰ. P451-62

中国国家版本馆 CIP 数据核字第 2024V8T078 号

气象安全生产工作指南

Qixiang Anquan Shengchan Gongzuo Zhinan

中国气象局安全生产委员会 组织编写

出版发行：气象出版社

地　　址：北京市海淀区中关村南大街 46 号　　**邮政编码**：100081

电　　话：010-68407112(总编室)　010-68408042(发行部)

网　　址：http://www.qxcbs.com　　**E-mail**：qxcbs@cma.gov.cn

责任编辑：彭淑凡　　**终　　审**：张　斌

责任校对：张硕杰　　**责任技编**：赵相宁

封面设计：艺点设计

印　　刷：三河市君旺印务有限公司

开　　本：787 mm×1092 mm　1/16　　**印　　张**：14

字　　数：274 千字

版　　次：2024 年 9 月第 1 版　　**印　　次**：2024 年 12 月第 2 次印刷

定　　价：68.00 元

本书编委会和编写组人员名单

编委会

主　　任：陈振林

副 主 任：熊绍员　宋善允

委　　员：王亚伟　梁　丰　方　翔　程　磊　王志华
潘进军　马　明　肖文名　李集明　黄　燕
李　峰

编写组

组　　长：宋善允

副 组 长：李　峰

成　　员：许文辉　孙　锐　张　宇　刘可东　丁海芳
孔令军　叶　上　江磐石　李　菊　杨斗立
杨　洋　杨晓武　宋秋宇　佟　津　卓晶川
罗永春　罗俊颉　郑卫江　姜皓严　黄　超
黄盛浩　董戌疆　韩伟中　焦　蕾　谭　振

序言

习近平总书记强调："安全生产是民生大事，一丝一毫不能放松，要以对人民极端负责的精神抓好安全生产工作，站在人民群众的角度想问题，把重大风险隐患当成事故来对待，守土有责，敢于担当，完善体制，严格监管，让人民群众安心放心。""要以时时放心不下的责任感，全面排查各类安全隐患，强化防范措施，狠抓工作落实，更好统筹发展和安全，切实维护人民群众生命财产安全和社会大局稳定。"《中共中央关于进一步全面深化改革 推进中国式现代化的决定》明确要求"实现高质量发展和高水平安全良性互动""完善安全生产风险排查整治和责任倒查机制"。中国气象局作为政府气象主管机构和国务院安委会成员单位，深刻领会气象安全在"建设更高水平平安中国"中的工作要求，立足部门工作职责，既要为经济社会发展提供高质量气象服务保障，又要做好防雷与升放气球安全社会监管和人工影响天气安全管理，还要强化业务环境和内部安全管理，不断推进气象科技能力现代化和社会服务现代化，护佑人民生命安全、生活幸福。

中国气象局党组历来高度重视安全生产工作，始终坚持深入学习贯彻落实习近平总书记关于安全生产重要论述和关于气象工作重要指示精神，始终站在捍卫“两个确立”、践行“两个维护”的政治高度，切实把思想和行动统一到习近平总书记重要论述和重要指示精神上来，坚持把安全生产放在气象高质量发展的重要位置。2019年中国气象局办公室印发《气象部门安全生产工作指南（试行）》，2023年中国气象局安委会办公室印发《气象部门内部安全风险分级管控和隐患排查治理工作指南》，对全国气象部门安全生产管理和内部安全提出了指导意见，进一步提高了气象部门安全生产工作规范化水平。

近年来，中国气象局结合工作实际，不断完善体制机制，加强制度建设，建立国省市县四级气象部门和业务领域横向到边、纵向到底的责任体系，压实压紧各级安全责任，落实全员安全生产责任制；不断加强风险防控，创新提出安全生产“十问”工作法；围绕防雷与升放气球、人工影响天气、涉氢涉气、气象铁塔和内部安全等特殊点位、重点人群、高危行为、特种设备扎实开展安全生产风险隐患排查整治；坚持强化气象安全基础能力建设，有效推动安全生产管理规范化标准化，安全生产取得良好成效，气象部门安全形势整体持续稳定向好。

但我们也要清醒地认识到安全生产工作的复杂性、艰巨性和长期性，抓好安全生产工作永远在路上。各级气象部门要牢固树立风险底线意识，始终绷紧安全生产这根弦，进一步提高安全生产管理水平，落实责任，持续开展安全事故隐患排查整治，将安全的主动权牢牢抓在手上。

“路虽远行则将至，事虽难做则必成。”我们编写出版这本《气象安全生产工作指南》，正是基于对当前安全生产形势的深刻认识和抓好安全生产工作的客观要求，提出了工作指导性意见。本书分为气象安全生产总论、安全生产管理体系、安全生产“十问”工作法、防雷与升放气球安全管理、人工影响天气作业安全、综合气象观测业务安全、机房环境安全、内部公共安全生产、安全生产事故案例九章，对气象部门安全生产管理重点领域提出了具体要求，规范了相关流程标准。我们遵循“安全第一、预防为主、综合治理”的安全生产方针，深刻体悟习近平总书记“人民至上、生命至上”的为民情怀和“以人民为中心”的安全发展理念，深刻理解“100－1＝0”的道理，没有安全作保障，一切发展都是空话。预防是安全生产的第一道防线，我们要不断完善体制机制，推动安全生产治理模式向事前预防转型，在源头上防范化解重大安全隐患；我们要深知安全生产不是一人一时一地之事，是需要大家共同参与、持续努力的长期任务，要坚持落实各方责任，上下协同，齐抓共管，做到安全生产“十问”工作法牢记在心、付诸行动。

立足新发展阶段、贯彻新发展理念、构建新发展格局，对气象安全生产工作提出了更高要求，我们要全面贯彻落实习近平总书记关于安全生产重要论述和关于气象工作重要指示精神，紧紧围绕统筹发展和安全，坚持以人民为中心，加快推进气象科技能力现代化和社会服务现代化，以高水平安全保障气象高质量发展，为保障人民生命财产安全和促进经济社会发展做出更大的气象贡献。

中国气象局党组书记、局长

2024年9月

目录

习近平总书记关于安全生产工作重要论述和重要指示摘编

(1)2013 年 6 月 6 日，习近平总书记就做好安全生产工作作出重要指示。习近平指出，接连发生的重特大安全生产事故，造成重大人员伤亡和财产损失，必须引起高度重视。人命关天，发展决不能以牺牲人的生命为代价。这必须作为一条不可逾越的红线。习近平要求，国务院有关部门将这些事故及发生原因的情况通报各地区各部门，使大家进一步警醒起来，吸取血的教训，痛定思痛，举一反三，开展一次彻底的安全生产大检查，坚决堵塞漏洞、排除隐患。习近平强调，要始终把人民生命安全放在首位，以对党和人民高度负责的精神，完善制度、强化责任、加强管理、严格监管，把安全生产责任制落到实处，切实防范重特大安全生产事故的发生。（新华社 2013 年 6 月 7 日电）

(2)2013 年 7 月 18 日，习近平总书记在中共中央政治局第 28 次常委会会议上就做好安全生产工作作出重要指示。各级党委和政府要增强责任意识。落实安全生产责任制，要落实行业主管部门直接监管、安全监管部门综合监管、地方政府属地监管，坚持管行业必须管安全，管业务必须管安全，管生产经营必须管安全，而且要党政同责、一岗双责、齐抓共管。（摘自中国政府网）

(3)2015 年 5 月 29 日，习近平总书记在中共中央政治局第二十三次集体学习时强调：要切实抓好安全生产，坚持以人为本、生命至上，全面抓好安全生产责任制和管理、防范、监督、检查、奖惩措施的落实，细化落实各级党委和政府的领导责任、相关部门的监管责任、企业的主体责任，深入开展专项整治，切实消除隐患。（新华社 2015 年 5 月 29 日电）

(4)2016 年 1 月 6 日，习近平总书记在中共中央政治局常委会会议上发表重要讲话，对全面加强安全生产工作提出明确要求。习近平指出，血的教训警示我们，公共安全绝非小事，必须坚持安全发展，扎实落实安全生产责任制，堵塞各类安全漏洞，坚决遏制重特大事故频发势头，确保人民生命财产安全。习近平强调，重特大突发事件，不论是自然灾害还是责任事故，其中都不同程度存在主体责任不落实、隐患排查治理不彻底、法规标准不健全、安全监管执法不严格、监管体制机制不完善、安全基础薄弱、应急救援能力不强等问题。习近平对加强安全生产工作提出5点要求。一是必须坚定不移保障安全发展，狠抓安全生产责任制落实。要强化**“党政同责、一岗双责、失职追责”**，坚持以人为本、以民为本。二是必须深化改革创新，加强和改进安全监管工作，强化开发区、工业园区、港区等功能区安全监管，举一反三，在标准制定、体制机制上认真考虑如何改革和完善。三是必须强化依法治理，用法治思维和法治手段解决安全生产问题，加快安全生产相关法律法规制定修订，加强安全生产监管执法，强化基层监管力量，着力提高安全生产法治化水平。四是必须坚决遏制重特大事故频发势头，对易发重特大事故的行业领域采取风险分级管控、隐患排查治理双重预防性工作机制，推动安全生产关口前移，加强应急救援工作，最大限度减少人员伤亡和财产损失。五是必须加强基础建设，提升安全保障能力，针对城市建设、危旧房屋、玻璃幕墙、渣土堆场、尾矿库、燃气管线、地下管廊等重点隐患和煤矿、非煤矿山、危化品、烟花爆竹、交通运输等重点行业以及游乐、“跨年夜”等大型群众性活动，坚决做好安全防范，特别是要严防踩踏事故发生。（新华社 2016 年 1 月 6 日电）

(5)2016 年 7 月，习近平总书记在中共中央政治局常委会会议上发表重要讲话，对加强安全生产和汛期安全防范工作作出重要指示。习近平强调，安全生产是民生大事，一丝一毫不能放松，要以对人民极端负责的精神抓好安全生产工作，站在人民群众的角度想问题，把重大风险隐患当成事故来对待，守土有责，敢于担当，完善体制，严格监管，让人民群众安心放心。习近平指出，各级党委和政府特别是领导干部要牢固树立安全生产的观念，正确处理安全和发展的关系，坚持发展决不能以牺牲安全为代价这条红线。经济社会发展的每一个项目、每一个环节都要以安全为前提，不能有丝毫疏漏。要严格实行党政领导干部安全生产工作责任制，切实做到失职追责。要把遏制重特大事故作为安全生产整体工作的“牛鼻子”来抓，在煤矿、危化品、道路运输等方面抓紧规划实施一批生命防护工程，积极研发应用一批先进安防技术，切实提高安全发展水平。习近平强调，要加快完善安全生产管理体制，强化安全监管部门综合监管责任，严格落实行业主管部门监管责任、地方党委和政府属地管理责任，加强基层安全监管执法队伍建设，制定权力清单和责任清单，督促落实到位。要发挥各级安委会指导协调、监督检查、巡查考核的作用，形成上下合力，齐抓共管。要改革安全生产应急救援体制，提高组织协调能力和现场救援实效。要完善各类开发区、工业园区、港区、风景区等功能区安全监管体制，严格落实安全管理措施。要完善安全生产许可制度，严把安全准入关。要健全安全生产法律法规和标准体系，统筹做好涉及安全生产的法律法规和标准的制定修订工作。（新华社 2016 年 7 月 20 日电）

(6)2016 年 7 月，习近平就做好当前防汛抗洪抢险救灾工作作出强调。习近平指出，受超强厄尔尼诺现象影响，今年我国气候十分异常，我国入汛提前。入汛以来，南方发生 20 多次强降雨过程，太湖发生流域性特大洪水，长江中下游干流全线超警，部分地区洪涝灾害严重。党中央高度重视防汛抗洪抢险救灾工作，强调要立足防大汛、抗大洪、抢大险，做好抗击特大洪水准备，防止麻痹思想和侥幸心理，力争最大程度减少损失。一段时间以来，各级党委和政府高度重视、全力应对，各有关部门和单位密切配合、通力合作，广大干部群众众志成城、顽强拼搏，人民解放军和武警部队冲锋在前、敢打硬仗，防汛抗洪抢险救灾工作取得了重要阶段性成果。近期，受冷暖空气共同影响，我国雨区出现“北抬东移”，一些地方将有暴雨、局部有大暴雨。习近平就做好当前防汛抗洪抢险救灾工作提出 6 点要求。

第一，切实落实防汛抗洪责任制。责任重于泰山。各级党委和政府要敢于担当，加强领导，狠抓落实。各有关地区、部门和单位要树立全国一盘棋思想，强化责任，形成合力，统筹好上下游、左右岸、干支流防汛，加强薄弱环节防范。要统筹做好抢险队伍、群众转移安置、物料等组织落实工作。对工作失职造成重大人员伤亡和财产损失的要依法追责。

第二，科学精准预测预报。要密切监视天气变化，加强雨情水情监测预报预警，加强汛情、灾情分析研判，强化应急值守和会商分析，提前发布预警信息，及时启动应急响应，把握防汛抗洪主动权。要落实好群测群防机制和措施。要精准开展洪水调度，最大限度发挥水利工程防灾减灾效益。

第三，突出防御重点。要确保大江大河重要堤防、大中型水库、重要基础设施的防洪安全，努力减轻中小河流、山洪灾害、城市内涝和台风灾害损失。要针对江河圩堤洪水浸泡时间长、险情增加的情况，落实防汛巡查制度，加大查险排险力度。要加强薄弱地段、险工险段的重点防守，坚决避免大江大河发生溃口性重大险情。要全力做好南水北调、西气东输、重要铁路等重大设施防汛抢险相关工作。

第四，全力保障人员安全。要及时组织危险区域人员转移，抓紧转移可能运用的蓄滞洪区、低洼危险地区、可能淹没区内人员，做好人员避险安置工作，特别是要落实好孤寡老人、留守儿童转移避险措施。山洪、泥石流灾害已成为严重威胁群众生命财产安全的灾害形态，要加强应急值守，采取巡查、巡测等多种手段，落实基层岗位责任，严密防范山洪、滑坡、泥石流等次生灾害。要强化对工矿企业、旅游景区、农家乐等人员聚集区的防汛安全管理，提前转移受威胁群众。要真诚关心和妥善安置受灾群众，保障他们的基本生活。

第五，强化军民联防联动机制。要组织受灾地区广大干部群众积极参加防汛抗洪抢险救灾，筑牢防灾救灾的铜墙铁壁。要充分发挥人民解放军和武警部队在防汛抗洪抢险救灾中的突击队作用。人民解放军和武警部队要加强同地方的协调配合，有关地方和部门要为人民解放军和武警部队参加抗洪抢险救灾提供保障。

第六，抓紧谋划灾后水利建设。要认真总结近年来防汛抗洪抢险救灾中暴露出的突出薄弱环节，加快城市地下管廊和小型水利工程建设，提升防汛抗洪和减灾救灾能力。要尽快恢复水毁工程，做好恢复生产和恢复重建的规划安排和工作准备。习近平强调，各级领导干部特别是主要领导干部要靠前指挥，各有关地方、部门和单位要各司其职，从防汛责任落实、监测预报预警、避险撤离转移、防洪工作调度、山洪灾害防御、城市防洪排涝、险情巡查抢护、部门协调配合等方面强化防汛抗洪工作。

各级党组织要充分发挥坚强领导作用，各级干部要充分发挥模范带头作用，广大共产党员要充分发挥先锋模范作用，在同重大自然灾害的斗争中经受住考验。习近平指出，要加强对防汛抗洪抢险救灾的宣传报道，向全社会广泛宣传第一线涌现出来的英雄模范和先进典型，对表现突出的集体和个人要予以表彰和嘉奖，弘扬正能量，激励广大干部群众把各项工作做好，确保经济社会发展良好势头，确保社会大局稳定。（摘自《人民日报》，2016 年 7 月 21 日）

(7)2017 年 10 月 18 日，习近平总书记在中国共产党第十九次全国代表大会上的报告中指出：树立安全发展理念，弘扬生命至上、安全第一的思想，健全公共安全体系，完善安全生产责任制，坚决遏制重特大安全事故，提升防灾减灾救灾能力。（摘自党的十九大报告）

(8)2018 年 5 月 12 日，习近平总书记向汶川地震十周年国际研讨会暨第四届大陆地震国际研讨会致信，强调指出：人类对自然规律的认知没有止境，防灾减灾、抗灾救灾是人类生存发展的永恒课题。科学认识致灾规律，有效减轻灾害风险，实现人与自然和谐共处，需要国际社会共同努力。中国将坚持以人民为中心的发展理念，坚持以防为主、防灾抗灾救灾相结合，全面提升综合防灾能力，为人民生命财产安全提供坚实保障。（新华社 2018 年 5 月 12 日电）

(9)2018 年 10 月 10 日下午，习近平总书记主持召开中央财经委员会第三次会议时强调：加强自然灾害防治关系国计民生，要建立高效科学的自然灾害防治体系，提高全社会自然灾害防治能力，为保护人民群众生命财产安全和国家安全提供有力保障。（新华社 2018 年 10 月 10 日电）

(10)2020 年 3 月 31 日，习近平对四川凉山州西昌市经久乡森林火灾作出重要

指示:迅速调集力量开展科学施救,在确保扑火人员安全的前提下全力组织灭火,严防次生灾害。当前正处于森林火灾等自然灾害易发高发期,最近四川、云南、福建、湖南等地接连发生森林火灾和安全事故,加上清明、春汛临近,火灾、洪涝等安全隐患突出,务必引起高度重视。各级党委和政府及有关部门要在统筹好疫情防控和复工复产的同时,抓实安全风险防范各项工作,坚决克服麻痹思想,深入排查火灾、泥石流、安全生产等各类隐患,压实各方责任,坚决遏制事故灾难多发势头,全力保障人民群众生命和财产安全。(摘自人民网)

(11)2020 年 4 月 8 日,习近平总书记在中共中央政治局常委会会议上强调:要抓实安全风险防范各项工作。生命至上,安全第一。各地区各部门要压实安全生产主体责任,全面做好安全生产和森林草原防火、防汛抗旱等防灾减灾工作。要深入排查各类安全隐患,完善各类应急预案,提高应急处置能力,确保人民群众生命和财产安全。(摘自中国政府网)

(12)2020 年 6 月 28 日、7 月 12 日、7 月 17 日,关于防汛救灾工作,习近平总书记三次作出重要指示、发表重要讲话。总书记指出:防汛救灾关系人民生命财产安全,关系粮食安全、经济安全、社会安全、国家安全。今年是决胜全面建成小康社会、决战脱贫攻坚之年,也是"十三五"规划收官之年,做好防汛救灾工作十分重要。总书记强调:各地区和有关部门要坚持人民至上、生命至上,统筹做好疫情防控和防汛救灾工作。各级党委和政府要压实责任、勇于担当,各级领导干部要深入一线、靠前指挥,组织广大干部群众,采取更加有力有效的措施,切实做好监测预警、堤库排查、应急处置、受灾群众安置等各项工作,全力抢险救援,尽最大努力保障人民群众生命财产安全。必须统筹抓好南北方江河安全度汛,加强组织领导和责任落实,坚持预防预备和应急处突相结合,加强统筹协调,强化协同配合,抓实抓细防汛救灾各项措施。总书记要求:各地区各有关部门要坚决落实责任制,加强汛情监测,及时排查风险隐患,有力组织抢险救灾,妥善安置受灾群众,维护好生产生活秩序,切实把确保人民生命安全放在第一位落到实处。各有关地区都要做好预案准备、队伍准备、物资准备、蓄滞洪区运用准备,宁可备而不用,不可用时无备。各地区各有关部门要在抓好防汛救灾各项工作的同时,精心谋划灾后重建,尽快恢复生产生活秩序。(摘自中国政府网)

(13)2020 年 12 月 11 日习近平总书记在中共十九届中央政治局第二十六次集体学习时的讲话。一是坚持党对国家安全工作的绝对领导,坚持党中央对国家安全工作的集中统一领导,加强统筹协调,把党的领导贯穿到国家安全工作各方面全过程,推动各级党委(党组)把国家安全责任制落到实处。二是坚持中国特色国家安全道路,贯彻总体国家安全观,坚持政治安全、人民安全、国家利益至上有机统一，以人民安全为宗旨，以政治安全为根本，以经济安全为基础，捍卫国家主权和领土完整，防范化解重大安全风险，为实现中华民族伟大复兴提供坚强安全保障。三是坚持以人民安全为宗旨，国家安全一切为了人民、一切依靠人民，充分发挥广大人民群众积极性、主动性、创造性，切实维护广大人民群众安全权益，始终把人民作为国家安全的基础性力量，汇聚起维护国家安全的强大力量。四是坚持统筹发展和安全，坚持发展和安全并重，实现高质量发展和高水平安全的良性互动，既通过发展提升国家安全实力，又深入推进国家安全思路、体制、手段创新，营造有利于经济社会发展的安全环境，在发展中更多考虑安全因素，努力实现发展和安全的动态平衡，全面提高国家安全工作能力和水平。五是坚持把政治安全放在首要位置，维护政权安全和制度安全，更加积极主动做好各方面工作。六是坚持统筹推进各领域安全，统筹应对传统安全和非传统安全，发挥国家安全工作协调机制作用，用好国家安全政策工具箱。七是坚持把防范化解国家安全风险摆在突出位置，提高风险预见、预判能力，力争把可能带来重大风险的隐患发现和处置于萌芽状态。八是坚持推进国际共同安全，高举合作、创新、法治、共赢的旗帜，推动树立共同、综合、合作、可持续的全球安全观，加强国际安全合作，完善全球安全治理体系，共同构建普遍安全的人类命运共同体。九是坚持推进国家安全体系和能力现代化，坚持以改革创新为动力，加强法治思维，构建系统完备、科学规范、运行有效的国家安全制度体系，提高运用科学技术维护国家安全的能力，不断增强塑造国家安全态势的能力。十是坚持加强国家安全干部队伍建设，加强国家安全战线党的建设，坚持以政治建设为统领，打造坚不可摧的国家安全干部队伍。（摘自人民网）

(14)2021 年 7 月 21 日，习近平对河南等地防汛救灾作出重要指示。近日，河南等地持续遭遇强降雨，郑州等城市发生严重内涝，一些河流出现超警水位，个别水库溃坝，部分铁路停运、航班取消，造成重大人员伤亡和财产损失，防汛形势十分严峻。

习近平强调，当前已进入防汛关键期，各级领导干部要始终把保障人民群众生命财产安全放在第一位，身先士卒、靠前指挥，迅速组织力量防汛救灾，妥善安置受灾群众，严防次生灾害，最大限度减少人员伤亡和财产损失。解放军和武警部队要积极协助地方开展抢险救灾工作。国家防总、应急管理部、水利部、交通运输部要加强统筹协调，强化灾害隐患巡查排险，加强重要基础设施安全防护，提高降雨、台风、山洪、泥石流等预警预报水平，加大交通疏导力度，抓细抓实各项防汛救灾措施。

习近平要求，各地区各有关部门要在做好防汛救灾工作的同时，尽快恢复生产生活秩序，扎实做好受灾群众帮扶救助和卫生防疫工作，防止因灾返贫和“大灾之

后有大疫”。（摘自中国政府网）

(15)习近平对云南昭通市镇雄县山体滑坡作出重要指示。2024年1月22日6时许，云南昭通市镇雄县塘房镇凉水村发生山体滑坡。灾害发生后，中共中央总书记、国家主席、中央军委主席习近平高度重视并作出重要指示，要求迅速组织救援力量，全力搜救失联人员，尽最大努力减少人员伤亡。要加强监测预警，科学搜救，防范发生次生灾害。要妥善做好遇难者家属安抚和受灾群众安置等工作。习近平强调，春节临近，叠加寒潮天气影响，自然灾害、交通事故、安全生产事故等易发多发，各地区和有关部门要紧盯风险隐患，压实各方责任，狠抓工作落实，防范遏制重大人员伤亡事件发生，切实保障人民群众生命财产安全。（摘自新华社）

(16)习近平对广东梅州市梅大高速茶阳路段塌方灾害作出重要指示。2024年5月1日2时10分许，广东梅州市梅大高速茶阳路段发生塌方灾害。灾害发生后，中共中央总书记、国家主席、中央军委主席习近平高度重视并作出重要指示，广东梅大高速茶阳路段发生塌方灾害，造成重大人员伤亡。要全力做好现场救援、伤员救治，妥善做好善后处置等工作。要抓紧抢修受损道路，尽快恢复交通秩序。当前正值“五一”假期，群众出行增多，人员流动量大，部分地区还将出现大范围降雨和强对流天气，各类事故灾害易发多发。各地区和有关部门要坚持底线思维，压实工作责任，加强监测预警，完善应急预案，及时排查处置重点地区和关键领域风险隐患，确保人民群众生命财产安全和社会大局稳定。（摘自新华社）

第 1 章　气象安全生产总论

生产是人类从事创造社会财富的活动和过程，狭义上讲，生产仅仅指的是创造物质财富的活动和过程，从更广泛、更抽象的意义上讲，生产是在特定技术条件下，通过将人的劳动作用于劳动对象和劳动资料，生产出人们所需要的各种物品或服务的过程，这表明产出非物质形态的成果，仍然属于生产的范畴。气象部门通过对观测所得气象数据进行科学处理，产出各类气象服务产品，同样是生产的一种形式。

安全生产，是安全和生产的融合，它指的是在生产经营活动中，为了避免造成人员伤害和财产损失的事故而采取相应的事故预防和控制措施，使生产过程在符合规定的条件下进行，以保证从业人员的人身安全与健康，设备和设施免受损坏，环境免遭破坏，保证生产经营活动得以顺利进行的相关活动。

安全是伴随生产始终的一种状态，在人类生产过程中起到重要保障作用，是生产正常开展的基础和前提。安全与生产辩证统一、相互促进，生产的发展能够为安全管理提供物质和科学技术基础，有力提升安全管理的科学性和有效性；安全管理的进步能够为正常有序的生产提供重要保障，创造更多的产品和财富，促进社会经济持续发展。

我国历史悠久，社会生产活动种类多、时间空间跨度大，涉及人口众多，在此基础上形成的对社会安全和稳定的追求使得我国产生了内涵丰富的安全观，“居安思危”“长治久安”“有备无患”“防微杜渐”“未雨绸缪”等成语深刻体现了安全工作“预则立，不预则废”的道理，警示我们要把隐患消灭在“未发之前”。进入新时代，我国面临的各方面风险挑战急剧增多，安全生产形势越发严峻复杂，习近平总书记深刻指出，安全生产是民生大事，事关人民福祉，事关经济社会发展大局，一丝一毫不能放松。党的十八大以来，以习近平同志为核心的党中央对安全生产工作空前重视，习近平总书记对安全生产念兹在兹、亲力亲为，作出系列重要论述和重要指示，从历史与现实相贯通、治标与治本相关联、当前与长远相统筹的宽广视角，系统回答了如何认识安全生产、如何做好安全生产工作等重大理论和现实问题，引领走出了一条中国特色安全生产之路，是做好新时代安全生产工作的根本遵循和行动指南，必须长期坚持毫不动摇。

面对经济社会发展的诸多不确定性风险，习近平总书记指出，我们必须坚持统筹高质量发展和高水平安全，增强机遇意识和风险意识，树立底线思维和极限思维，把困难估计得更充分一些，把风险思考得更深入一些。我们要深刻体悟习近平总书记“人民至上、生命至上”的为民情怀和以人民为中心的安全发展理念，深刻理解“100－1＝0”的道理。如果只重发展，不管安全，那么发展和安全将失衡，这样的发展没有意义且不可持续，没有安全作保证，一切发展都无从谈起。安全是发展的前提，发展是安全的保障，当前正在深入推进的气象高质量发展，始终把安全摆在气象高质量发展的突出位置来抓，体现的正是统筹高质量发展和高水平安全，以新安全格局保障新发展格局，做到标准不降、要求不松、投入不少、效果不减，力求向安全要效率，向安全要发展。

统筹高质量发展和高水平安全，抓好安全生产的关键是落实责任。2013 年 7 月 18 日，习近平总书记在中共中央政治局常委会会议上就做好安全生产工作作出重要指示，首次创造性地提出了**管行业必须管安全、管业务必须管安全、管生产经营必须管安全**，这是习近平总书记关于落实安全生产责任的重大理论创新，为我们全面织就了一个全方位的安全监管责任落实网络。同时，习近平总书记还首次提出了安全生产党政同责、一岗双责的重大论断，旨在突出强调和强化各级党委在安全生产工作中的责任，是一次重大的制度创新，对全面构建立体化、可操作的安全生产责任体系具有重大指导意义。

党中央、国务院高度重视安全生产工作，2016 年 10 月 11 日，习近平总书记主持召开中央全面深化改革领导小组第 28 次会议，审议通过了《中共中央 国务院关于推进安全生产领域改革发展的意见》，这是新中国成立以来，第一个以党中央、国务院名义出台的安全生产纲领性文件，对推动我国安全生产工作健康发展具有里程碑式的重大意义。

2018 年 4 月，中共中央办公厅、国务院办公厅印发《地方党政领导干部安全生产责任制规定》，这是我国安全生产领域第一部党内法规，是习近平总书记关于安全生产系列重要论述的制度化，重点对地方各级党委主要负责人等五类人员安全生产工作职责作了明确，有力推动了安全生产各方责任的有效落实。

2021 年 6 月 10 日，全国人大常委会作出关于修改《中华人民共和国安全生产法》(简称《安全生产法》)的决定，新《安全生产法》于当年 11 月 1 日开始正式施行，“管行业必须管安全、管业务必须管安全、管生产经营必须管安全”正式写入《安全生产法》。新《安全生产法》全面贯彻了新发展理念，明确了全员安全生产责任制和监管部门的监管职责，是新时代安全生产监管要求的集中体现。

从气象部门看，《中华人民共和国气象法》（简称《气象法》）、《人工影响天气管理条例》等法律法规，均对气象部门特有的人工影响天气安全、防雷安全等作出规定，强调要加强安全管理和指导，确保安全。如《气象法》规定，实施人工影响天气作业的组织必须遵守作业规范；各级气象主管机构应当加强对雷电灾害防御工作的组织管理。《人工影响天气管理条例》规定，实施人工影响天气作业，严格按照国务院气象主管机构规定的作业规范和操作规程进行，并接受县级以上地方气象主管机构的指挥、管理和监督，确保作业安全。

具体来说，根据法律法规规定和职责分工，气象部门安全生产主要有对外、对内两个方面。对外是气象部门作为政府安全生产委员会成员单位，依法履行安全生产相关职责，保障人民群众生命财产安全和社会稳定，一是安全生产气象保障服务，主要是影响安全生产的台风、暴雨（雪）、寒潮、大风（沙尘暴）、低温、高温、干旱、雷电、冰雹、霜冻、强对流和大雾等气象灾害的监测预报预警服务；因气象因素直接造成或者诱发的煤矿、非煤矿山、危险化学品、烟花爆竹、冶金等行业领域安全生产事故应急救援气象服务；应急管理、自然资源、交通运输、住建、水利、农业农村、林业、海事、旅游、电力、石油化工等气象灾害防御重点单位安全生产气象保障服务。二是安全生产社会监督管理，主要是依法履行雷电灾害安全防御监督管理，依法参加有关事故调查；负责无人驾驶自由气球和系留气球活动审批监督管理，会同有关部门指导无人驾驶自由气球和系留气球活动安全生产监督管理工作；负责人工影响天气作业期间的安全检查和事故防范。组织制定气象有关安全生产政策措施并监督实施。

除履行政府安全生产委员会成员单位相关工作职责外，各级气象部门安全生产工作还包括自身内部安全，主要有人工影响天气装备、弹药、物资的运输、储存和作业安全；制氢、储氢、用氢和气象观测铁塔安全；易燃易爆危险化学品使用安全；气象业务系统运行环境安全和气象信息、数据、网络安全；部门内部消防、交通、施工、房屋、地下空间、燃气、电动自行车和食堂食品等安全。

近年来，在中国气象局党组的坚强领导下，全国气象部门始终坚持把安全摆在气象高质量发展的突出位置，时刻紧绷安全生产这根弦，切实采取有效举措，真正把“时时放心不下”的责任感转化为“事事心中有底”的行动力，以对人民高度负责、对事业高度负责的态度抓好安全生产，推动气象安全生产持续稳中向好。**一是深入学习领会习近平总书记关于安全生产重要论述精神**，特别是习近平总书记关于气象工作重要指示精神，深刻理解气象工作关系**生命安全**、**生产发展**、**生活富裕**、**生**

态良好的战略定位，通过召开党组会议、党组理论学习中心组学习、党组扩大会议、安委会全体会议以及各类专项会议，研究部署气象部门落实举措。**二是创新提出了安全生产“十问”工作法**。把领导责任压实到位，进一步明确主要负责人作为本单位安全生产第一责任人的职责，对安全生产工作负总责；把监管责任传导到位，充分发挥管理部门枢纽作用，加强组织协调和督导检查；把主体责任落实到位，严密落实每个岗位和个人安全生产责任，把安全贯穿事业发展全过程。**三是进一步强化组织领导**。中国气象局党组立足大势、主动求变，积极探索适应新时代安全生产新特点的组织领导模式，组建了中国气象局安全生产委员会及其办公室，着眼全局、整体统筹、谋划部署安全生产工作，并强化综合监督指导，着力推进重点领域安全管理，推动各项举措落实落地，为气象高质量发展提供坚强安全保障。**四是建立全覆盖的安全责任体系**。围绕落实全员安全生产责任制，细化安全生产责任清单，建立了“横到边、竖到底”的安全生产责任体系，覆盖国省市县四级气象部门和各重点业务领域，对全面强化气象安全管理、加强安全风险防范具有重要推动作用，人人参与安全、人人共享安全的良好局面正逐步形成。**五是切实加强监督指导**。监督指导是及时发现安全隐患、推动责任履行的重要途径。近年来，中国气象局安全生产委员会办公室着力构建日常检查、专项检查和综合指导三个层级综合开展的监督指导模式，并以安全生产委员会工作规则的形式予以固化，督促安全责任落实和隐患整改。发挥纪检部门“监督的再监督”作用，严肃追责问责，推动气象安全生产各项举措落实落地。**六是重点领域安全管理不断发力**。建立了人工影响天气、防雷与升放气球、涉氢涉气业务等重点领域对照检查清单，排查标准不断细化。持续完善防雷与升放气球安全法规标准体系，推动纳入地方政府监管范围，提升安全风险管控能力。通过健全工作机制、强化制度建设、依靠技术支撑、提升物防能力和做实安全检查，狠抓人工影响天气作业安全管理，助力安全作业和高效作业。**七是建立内部安全风险分级管控和隐患排查治理双重预防机制**。牢固树立底线思维和极限思维，注重风险防范、关口前移，进一步推进风险分级管控和隐患排查治理规范化、标准化，强化从发现隐患到整改销号的隐患排查整治全过程闭环管理，全面深化风险隐患排查整治，真正把风险控制在隐患形成之前、把隐患消灭在事故发生之前，有效防范安全风险。

第 2 章　气象部门安全生产管理体系

2.1　组织管理

《中华人民共和国安全生产法》第四条规定:“生产经营单位必须遵守本法和其他有关安全生产的法律、法规,加强安全生产管理,建立健全全员安全生产责任制和安全生产规章制度,加大对安全生产资金、物资、技术、人员的投入保障力度,改善安全生产条件,加强安全生产标准化、信息化建设,构建安全风险分级管控和隐患排查治理双重预防机制,健全风险防范化解机制,提高安全生产水平,确保安全生产。”

各级气象部门在落实上述规定时,必须具备安全生产条件,以保证安全生产为目标,运用安全系统的概念和方法,通过安全生产管理机构设置和人员配备、安全生产制度建设、安全投入等,推动建立健全安全生产组织管理体系。

2.1.1　安全生产组织管理体系主要内容

(1)建立安全生产组织体系。

(2)建立健全以安全生产责任制为核心的安全规章制度。

(3)制定安全生产管理年度工作计划并组织实施。

(4)开展全员性安全教育、安全检查和隐患排查整治等活动。

(5)建立健全安全管理档案,加强安全管理基础工作。

2.1.2　组织机构

安全生产管理机构是指在人员分工和功能分化的基础上,使安全管理者群体中的各个成员担任不同的职务,承担不同的责任,赋予不同的权限,共同协作,为实现共同的安全工作目标而组织起来的安全管理系统。在安全管理活动中,安全生产管理机构通过落实国家有关安全生产的法律法规、组织单位内部安全检查、进行日常安全检查、及时整改各种事故隐患、监督安全生产责任制落实等活动,实现单位安全管理目标。

各级气象部门应成立安全生产委员会(或安全生产工作领导小组,以下简称安委会),安委会由主任、副主任、成员组成。主任由各级气象部门主要负责人担任,副主任由分管安全生产、减灾、法规的领导担任,成员由承担安全生产、减灾、预报、观测、计财、人事、法规、党委纪检等部门主要负责人组成。安委会下设办公室,一般设在承担安全生产综合协调工作的部门。

遇有安全生产专项活动或重大活动,各级气象部门应成立专项工作临时机构,负责专项活动的组织领导、安排部署、检查推进、安全抢险、应急指挥和总结评估。

各级气象部门安委会主要职责:

(1)在上级气象部门安委会办公室(简称安委办)和属地政府安委办指导及本级气象部门党组(党委)领导下,负责研究部署、指导协调本级及下级气象部门安全生产工作。

(2)负责贯彻落实习近平总书记关于安全生产系列重要论述和重要指示精神,全面落实党和国家关于安全生产工作的方针政策、决策部署,研究提出本级及下级气象部门安全生产工作要求,审定安全生产相关管理制度、工作计划等。

(3)负责督促本级及下级气象部门落实安全生产"一岗双责"和"三管三必须"工作要求。

(4)负责分析研判本级及下级气象部门安全生产形势,研究解决安全生产工作中的重大问题。年度内至少召开一次全体会议。

(5)代表本级气象部门对下级气象部门开展安全生产综合指导和考核。

(6)完成上级气象部门安委办、属地政府安委办及本级气象部门党组(党委)交办的其他工作。

各级气象部门安委办主要职责:

(1)协调推动本级气象部门贯彻落实习近平总书记关于安全生产系列重要论述和重要指示精神,全面落实党中央关于安全生产工作的各项决策部署和国务院安委会、上级气象部门安委会、属地政府安委会有关工作要求,并加强督促检查。

(2)研究提出本级气象部门安委会年度工作计划或工作要点,并跟踪督促落实。

(3)分析本级及下级气象部门安全生产形势,开展安全生产政策、措施调查研究,向本级安委会提出意见和建议。

(4)协调解决本级气象部门安全生产工作中的重要问题和安委会成员提出的安全生产工作有关重要事项。

(5)承办本级安委会会议、重要活动、文件起草、制度拟定、议定事项跟踪督办等工作。

(6)按照本级安委会工作部署,代表本级气象部门组织实施对下级气象部门安全生产专项督导、巡查、考核及专项治理等工作。

(7)组织对本级及下级气象部门、直属单位重大安全生产问题隐患整改工作的挂牌督办;通报约谈、警示提醒安全生产事故多发、问题突出、工作不力的单位和个人。

(8)负责与上级气象部门安委办和属地政府安委办工作联系,组织完成上级气象部门安委办和属地政府安委办交办的其他工作。

2.1.3 制度建设

生产经营单位必须建立、健全安全生产责任制,制定完备的安全生产规章制度和操作规程规定。安全生产制度是党和国家安全生产方针、政策、法律、法规的延伸,也是安全生产方针、政策、法律、法规在生产经营中贯彻执行的具体体现,是保障生命财产安全最基础的规定,是生产经营单位安全生产工作的"章法"。

各级气象部门应当建立安全生产各项工作制度,包括安全生产责任制度、目标考核制度、风险防控制度、督促检查制度、隐患排查整治制度、应急预案制度、应急演练制度、监督问责制度、宣传教育制度、台账管理制度、值班值守制度、重点岗位(部位)安全生产工作制度以及各岗位安全操作规程规定等。

2.1.4 安全投入

安全投入是生产经营单位具备安全生产条件的重要保障。生产经营单位在项目建设中为了使建设项目通过安全审查,需要安全投入;在项目投入使用以后,为了保持生产经营条件安全可靠,在安全方面仍需不断地投入资金,用于改善和更新安全设施、开展职工安全教育培训等。

各级气象部门主要负责人,有责任保证安全投入符合安全生产要求,并切实发挥投入资金作用;要根据本单位安全生产实际,组织制订本单位安全生产投入的长远规划和年度计划;要及时了解安全生产投入资金的使用情况,保证安全生产投入资金的有效使用。

2.1.5 安全教育、安全检查和隐患排查整治

开展安全教育、安全检查和隐患排查整治是《安全生产法》以及相关法律法规的基本要求,各级气象部门要按照要求组织开展好安全教育、安全检查和隐患排查整治等相关工作。

2.2　责任体系

在安全生产工作中，安全生产责任体系处于整个安全生产制度体系的核心位置。各级气象部门要按照“党政同责、一岗双责、齐抓共管、失职追责”“管行业必须管安全、管业务必须管安全、管生产经营必须管安全”的总要求和《安全生产法》《地方党政领导干部安全生产责任制规定》等规定，建立健全全员安全生产责任体系，确保责任落到实处。

2.2.1　安全生产责任内涵

安全生产责任制是根据我国“安全第一、预防为主、综合治理”的安全生产方针和相关法律法规建立的各级领导、职能部门、工程技术人员、岗位操作人员在生产工作过程中对安全生产层层负责的制度。

气象部门实行安全生产责任制，必须以习近平新时代中国特色社会主义思想为指导，牢固树立发展决不能以牺牲安全为代价的红线意识，统筹发展和安全，坚持人民至上、生命至上和安全发展、依法治理，综合运用巡查督查、考核考察、激励惩戒等措施，加强组织领导，强化属地管理，完善体制机制，有效防范安全生产风险，坚决遏制重特大生产安全事故，推动各级气象部门干部职工切实承担起安全生产责任，为营造稳定的安全生产环境作出积极贡献。

2.2.2　安全生产具体责任

各级气象部门主要负责人是本单位安全生产第一责任人，应由一名领导班子成员分管安全生产工作，对本单位安全生产工作负分管责任，班子其他成员对分管范围内的安全生产工作负分管领导责任，相关职能部门负责人对职责范围内的安全生产工作负监管责任，具体落实安全生产任务的人员对安全生产工作负主体责任。

2.2.2.1　主要负责人责任

各单位主要负责人是本单位安全生产第一责任人，气象部门各级安委会主任由各单位主要负责人担任，党政主要负责人分设的，由党政主要负责人共同担任，其安全生产职责主要包括：

(1)认真贯彻执行党中央、国务院关于安全生产的方针政策、决策部署和上级气象部门工作要求，落实相关法律法规规定；

(2)把安全生产纳入单位议事日程和年度工作报告内容，及时组织研究解决安全生产重大问题；

(3)把安全生产纳入党组(党委)会及其成员职责清单，定期检查考核，督促落实安全生产“一岗双责”；

(4)加强安全生产资金投入和干部队伍建设，强化基础建设和监管能力建设；

(5)将安全生产纳入本单位目标考核体系和领导干部年终述职内容，作为领导干部绩效考核的重要内容；

(6)推动构建安全风险分级管控和隐患排查治理双重预防工作机制；

(7)大力弘扬“人民至上、生命至上”，强化安全生产宣传教育和舆论引导，将安全生产纳入党组(党委)理论学习中心组学习内容和干部培训内容，年度内至少组织1次集体学习；

(8)每年至少研究1次安全生产工作，至少参加1～2次安全生产监督检查或调研督导。

2.2.2.2 分管负责人责任

原则上由各级气象部门党组(党委)成员分管安全生产工作，其安全生产职责主要包括：

(1)组织制定贯彻落实党中央、国务院关于安全生产的方针政策、决策部署和上级气象部门工作要求，以及相关法律法规规定的具体措施；

(2)协助本单位主要负责人落实党组(党委)对安全生产的领导职责，督促落实本级党组(党委)关于安全生产的决策部署；

(3)协助本单位主要负责人统筹推进安全生产工作，负责领导安委会日常工作，组织实施安全生产监督检查、考核等工作，协调解决重点难点问题；

(4)组织实施安全风险分级管控和隐患排查治理双重预防工作机制建设，指导安全生产专项整治活动，组织查处各类违法违规行为；

(5)加强安全生产应急救援气象保障能力建设，依法组织或者参与生产安全事故抢险救援和调查处理，组织开展生产安全事故责任追究和整改措施落实情况评估；

(6)统筹推进安全生产社会化服务体系建设、信息化建设、诚信体系建设和教育培训、科技支撑等工作；

(7)每半年至少研究1次安全生产工作，每年至少开展1次关于安全生产工作的调查研究。

2.2.2.3 其他分管负责人责任

各级气象部门领导班子其他成员对分管范围内的安全生产工作负领导责任，其安全生产职责主要包括：

(1)组织分管领域、单位贯彻执行党中央、国务院关于安全生产的方针政策、决策部署和上级气象部门工作要求，以及相关法律法规规定；

(2)组织分管领域、单位健全和落实全员安全生产责任制，将安全生产工作与业务工作同部署、同实施、同检查；

(3)指导分管领域、单位把安全生产工作纳入年度工作计划，加强和支持安全生产工作；

(4)统筹推进分管领域、单位安全生产工作，每年定期组织分析安全生产形势，及时研究解决安全生产问题，支持有关部门依法履行安全生产工作职责；

(5)组织开展分管领域、单位安全生产专项整治、目标管理、应急管理、查处违法违规生产经营行为等工作，推动构建安全风险分级管控和隐患排查治理预防工作机制；

(6)每年至少参加 1～2 次安全生产监督检查或调研督导。

2.2.2.4 监管负责人责任

各级气象部门职能部门负责人对分管范围内的安全生产工作负监管责任，其安全生产职责主要包括：

(1)组织本部门贯彻落实安全生产法律、法规、规章和上级安全生产工作部署；

(2)研究部署、指导协调和督促检查本单位的安全生产工作；

(3)指导、协调、监督、检查下一级气象部门的安全生产工作；

(4)分解下达年度安全生产目标任务，组织做好年度安全生产考核工作；

(5)组织开展安全生产检查、隐患排查、风险防控、应急处置、专项整治，对重大事故隐患挂牌督办；

(6)根据本级安全生产工作领导小组安排，对下级单位或相关责任人开展监督问责。

2.2.2.5 主体责任人责任

各单位具体承担安全生产责任和落实安全生产任务的人员是本单位安全生产主体责任人，其安全生产职责主要包括：

(1)贯彻执行党中央、国务院以及上级和本单位关于安全生产的决策部署，安全生产方针政策、法律法规；

(2)负责制订修订本单位本岗位安全技术规程和有关安全生产管理制度，并监督检查执行情况；

(3)编制安全技术措施计划和方案并组织实施；

(4)制订本单位或本岗位安全活动计划，并检查执行情况；

(5)对本单位干部职工进行安全业务指导,组织做好职工教育工作;

(6)深入现场进行检查,制止违章指挥和违章作业;

(7)发现隐患及时整改,做好记录,对于本单位无力整改的隐患,要采取有效的防范措施,并向上级有关部门报告;

(8)负责本单位或本岗位安全技术设施、安全装置、防护设施、消防器材的巡回检查和管理工作,使其处于完好状态。

2.2.3 气象部门安全生产责任体系

气象部门安全生产责任体系建设的原则是"横到边、竖到底、落到人、定到时"。横到边,是指责任体系要包括气象部门安全生产管理各项内容,不能出现管理漏项;竖到底,是指责任体系要落实到本单位具体岗位,不能出现管理盲区;落到人,是指责任体系要明确各个岗位安全生产责任具体责任人,不能出现某个岗位安全责任空挡;定到时,是指责任体系要明确重大时间节点需要具体开展的安全生产工作,不能出现某个重大时间节点安全责任真空。

2.3 目标考核

安全生产目标设定是管理的核心。设定的目标是否得当,关系着安全管理的成效,影响着职工参加管理的积极性。

2.3.1 目标设定

目标设定的依据:

(1)国家的有关法律、法规、规范性文件、政策和应急管理部门、上级气象部门的要求;

(2)行业及本单位的实际(包括本单位的安全生产工作需要解决的重大问题、本单位的技术条件和经济条件)。

2.3.2 考核方法

(1)考核时段。采取平时考核与集中考核相结合的方式进行。平时考核主要针对被考核单位日常安全生产管理工作进行,考核内容为被考核单位日常安全检查、专项活动组织、专项检查整改、培训演练、上级文件会议精神等贯彻落实情况。集中考核在年底进行,主要考核年度工作要点中提出的工作任务完成情况。

(2)考核方式。一是专项安全检查问题汇总通报,隐患问题清单列入平时考核项。二是利用综合管理信息系统,提高信息化管理水平。

2.3.3 考核结果应用

考核结果与单位年度综合目标考核挂钩,在综合目标考核中,各单位制定安全生产考核管理制度。

(1)发生重大责任性安全生产事故或考核不达标的单位，在综合目标考核中不能评优。其中发生重大责任性安全生产事故的应当依法追究责任。

(2)考核达标以上单位，根据比重在综合目标考核中计算分值。

(3)考核较差和不达标的单位，上级气象部门应根据情况向其发工作建议函，督促加强和改进安全生产工作。

2.3.4　内部安全生产目标考核内容

内部安全生产目标考核内容主要包括基础工作、安全生产和安全防范三部分。

(1)基础工作主要考核内容

①深入学习贯彻习近平总书记关于安全生产重要论述和重要指示精神，将安全生产纳入党组(党委)议事日程，落实党中央、国务院决策部署和中国气象局工作要求，结合实际制订工作措施，并组织落实。

②建立安全责任清单，单位主要负责人是第一责任人，明确各岗位、人员安全责任，构建覆盖全员的安全责任体系，全面落实安全责任。

③建立健全安全工作规章制度和组织机构，落实安全经费，配齐安全设施。

④开展安全检查，及时整治各类风险隐患，完善隐患问题台账，实行闭环管理，坚决遏制各类重特大事故的发生。

⑤制定安全事故应急处置预案，落实人员、装备、物资等应急资源。重要活动和节假日期间加强值班值守，有效处置各类突发情况。

⑥结合世界气象日、安全生产月和消防宣传月等活动，组织开展安全宣传，定期组织开展应急演练。

(2)安全生产主要考核内容

①消防安全。开展日常巡查和重点检查，对施工工地、地下空间、食堂、餐厅、实验室、制氢场所、宿舍等特殊点位，外来人员、外聘人员、访问学者和学生等重点人群，外包工程、装修施工、电焊切割、电动车充电等高危行为进行安全检查，及时消除安全隐患。消防器材设施配置齐全并定期检测维护，定期组织消防应急演练。严禁电动自行车进楼充电或携带电动自行车电池进楼充电。遵守属地政府烟花爆竹禁放限放规定，做好安全管理。

②交通安全。加强公务车辆维护保养，杜绝酒驾醉驾等违法行为。开展职工交通安全教育，教育单位职工严格遵守交通法规和园区交通管理规定。

③房屋安全。开展房屋安全隐患排查整治，建立房屋安全隐患排查整治清单。加强日常巡查和重点检查，及时发现、报告和处置墙皮脱落、玻璃破损、高空坠物、

房屋漏水、雨水倒灌、地下空间浸泡以及大风、大雨、大雪天气可能对房屋造成的安全事件。

④施工安全。按照国家有关安全规范要求进行施工，严格履行各项审批备案手续，明确各方责任，做好安全管理。进行电焊、气焊等作业时，按要求办理动火证并报相关部门备案。遇有重大活动时，按要求临时停工。

(3)安全防范主要考核内容

①加强楼宇及核心业务区域出入口管理。按照内部安全保卫要求构建人防技防物防体系，建立门禁、监控、人脸识别系统。保安严格值守，加强对外来人员的登记和甄别。

②要害部门、重点部位人防技防物防设施符合安全防范要求，实现周界入侵报警、电子巡更、视频监控全覆盖。建立专群结合、人防物防技防结合、点线面结合、打防控一体化的巡防体系。

③加强国家安全人民防线工作。加强线上、线下涉外交流活动安全防范；做好本单位参与人员防范教育提醒，严格管控涉密文件资料物品；加强对出国(境)人员、涉密、涉外人员的教育和管理，防止发生危及国家安全事件。协助有关部门做好反间防谍、反恐防恐等工作。

④做好防范处理邪教、禁毒、扫黄打非、赌博等工作。在单位内推广安装“反诈APP”，开展防诈骗培训及宣传教育。

⑤聘用人员、临时工作人员手续齐全，指定专人负责管理教育，落实对流动人员的动态管理。严格出租、出借房屋和地下空间的管理。

2.4 风险防控

根据《企业安全生产标准基本规范》(GB/T 33000—2016)，安全风险是指发生危险事件或有害暴露的可能性，与随之引发的人身伤害、健康损害或财产损失的严重性的组合。

气象部门内部安全生产风险，指各级气象部门管理的责任区内发生火灾事故、道路交通安全事故、建筑物安全事故、后勤水暖电气事故等的可能性，与随之引发的人身伤害或健康损害、财产损失及影响安全稳定的严重性的组合。

2.4.1 风险等级

依据《国务院安委会办公室关于印发标本兼治遏制重特大事故工作指南的通知》(安委办〔2016〕3 号)、《国务院安委会办公室关于实施遏制重特大事故工作指南构建双重预防机制的意见》(安委办〔2016〕11 号)，结合气象部门内部安全生产管理实际，以及风险的可控程度、可能性、影响范围和可能造成损害的程度等因素，对气象部门内部安全生产风险进行分级，分为Ⅰ、Ⅱ、Ⅲ、Ⅳ级，用红、橙、黄、蓝四种颜色标识，其中Ⅰ级（红色等级）为重大风险、Ⅱ级（橙色等级）为较大风险、Ⅲ级（黄色等级）为一般风险和Ⅳ级（蓝色等级）为低风险。

Ⅰ级：风险失控可能性极大，发生事故的可能性极大，一旦发生，会造成严重财产损失，或严重人员伤亡，或工作停工。

Ⅱ级：风险可能失控，发生事故的可能性较大，如发生，会造成较大财产损失，或人员伤亡，或较大范围影响正常工作。

Ⅲ级：风险在可控范围内，发生事故的可能性很小，如发生，可能造成一般财产损失，或人员轻微伤害，或小范围影响正常工作。

Ⅳ级：风险在可控范围内，发生事故的可能性极小，如发生，可能造成极小财产损失，几乎不影响正常工作。

2.4.2 风险确定与应对

安全风险防控至关重要的是通过识别风险、衡量风险、分析风险，从而有效控制风险、处理风险。各级气象部门在开展内部安全生产风险辨识过程中，应结合本部门内部安全生产实际，运用科学的方法对辨识出的风险点进行风险度分析与评估，确定潜在风险，从而针对评估结果采取合适的防控措施来控制风险，降低事故发生的概率和严重性，使风险降低到可接受的水平。

（1）常见潜在风险与风险应对

根据气象部门内部安全生产工作特点，针对易存在且常见的内部安全生产漏洞和薄弱环节，依据安全生产相关要求，提出了《气象部门内部安全生产常见风险防范清单》（见附录2的附件1），用于指导各级气象部门全面对照排查常见潜在风险点。

（2）其他潜在风险与风险应对

对于《气象部门内部安全生产常见风险防范清单》中未涉及的内部安全生产风险，各级气象部门应结合实际，围绕人、物、环境、管理四方面，采取对照有关标准、法规、检查表或依靠分析人员的观察分析能力，借助于经验判断能力对存在的潜在危险有害因素进行辨识，找准潜在风险，进行风险度分析与评估，确定潜在风险和防控措施，并建立本部门《内部安全生产风险防范补充清单》。

（3）风险公告与警示

各级气象部门要建立完善安全风险公告制度，公布本部门的主要风险点、潜在风险、易发的安全事故、风险等级、管控措施和应急措施，确保管理者和每名职工都掌握安全风险的基本情况及防范、应急措施。对存在重大安全风险的重点区域设置风险点警示牌(范例见下表)，标明主要风险点、潜在风险、易发的安全事故、管控措施和应急措施及报告电话等内容。对可能导致事故的工作场所、工作岗位，应当设置报警装置，配置现场应急设备设施和撤离通道等。

风险点警示牌(示例)

<table>
<tr><td>风险点名称</td><td colspan="2"></td><td rowspan="3">（照片）</td></tr>
<tr><td>易发生的事故</td><td colspan="2"></td></tr>
<tr><td>场所/环节
/部位名称</td><td colspan="2"></td></tr>
<tr><td>主要防范
措　　施</td><td colspan="3"></td></tr>
<tr><td>应急处置
措　　施</td><td colspan="3"></td></tr>
<tr><td>报告电话</td><td></td><td>责任人</td><td></td></tr>
</table>

2.5 安全检查

气象部门内部安全生产检查是指安全生产监管部门或各级气象部门自身对责任主体单位贯彻国家安全生产法律法规情况、安全状况、工作条件、事故隐患等所进行的检查。

2.5.1 检查主体

(1)各级安全生产监管部门、气象系统安全生产主管部门开展的安全检查。其中，安全生产监管部门指地方各级人民政府，街道办事处、开发区管理机构等地方人民政府派出机关及地方人民政府管理的应急管理、市场监督管理、公安、住建等部门，对本级、下级及辖区内气象部门在各自职责范围内开展的安全检查。

(2)负有安全生产主体责任的各级气象部门针对自身开展的安全检查，包括各级气象部门第一责任人(主要负责人)、主要责任人(分管安全生产工作的领导)、直接领导(分管/联系该单位的领导)、归口管理单位负责人(安全生产管理机构的领导)、各级气象部门下设单位负责人(负责该单位的领导)、岗位责任人(负责本岗位的人员)自行组织开展的安全检查。

2.5.2 检查对象

各级气象部门在其内部安全生产责任范围内，所有为各项工作正常运行提供各类保障的场所、设备设施、人员、环境等。重点检查办公业务用房、服务用房、设备用房、附属用房、在建工程项目，相应的责任区域及其各类设施；用于生产经营的场所，相应的责任区域及其各类设施；用于存放设备设施、易燃易爆危险品的库房，相应的责任区域及其各类设施。

2.5.3　检查内容

安全检查主要包括以下五方面内容。

(1)查领导

检查单位领导对安全生产是否有正确的认识，是否把安全工作摆在重要议事日程，以及安全生产工作部署情况、安全生产责任体系建立情况。

(2)查制度

检查各项安全规章制度和操作规程建设情况，内容是否健全、正确、科学合理。

(3)查管理

检查安全管理机构建设情况、安全生产管理制度执行情况、安全生产责任逐级落实情况、安全培训教育情况、安全检查开展情况、特种设备管理情况、安全投入情况、隐患整治情况、安全生产风险防控情况、应急预案及演练情况。

(4)查隐患

深入安全生产现场，特别是重点部门、重点部位、重点岗位，检查人的不安全行为、物的不安全状态和环境的不安全因素。

(5)查整改

检查曾经查出的隐患问题整改情况和整改效果，如果没有及时整改或整改不力的，要重新提出要求，限期整改。

2.5.4　检查方法与方式

2.5.4.1　检查方法

目前经常采用的安全检查方法有以下五种。

(1)会议检查法

通过召开安全工作会议，由被检查单位汇报安全生产工作，检查人员通过听取汇报、询问对话交流，从而了解被检查单位安全生产工作情况。

(2)定性检查法

通过检查人员深入现场实地观察或辅助一定的简单工具，对安全生产管理、人员行为、检查场所的环境条件、设备设施的运转情况等进行定性的检查。

(3)安全检查表法

根据检查对象，事先列出检查项目、具体要求和检查要点等内容，编制成表，并根据检查表上的项目，对照检查现场实际是否达到项目规定要求，且做好检查记录。

(4)仪器检查法

检查人员利用各种仪器来检测机器、环境，获取设备内部的缺陷及检查场所的环境条件的真实信息或定量数据，发现隐患。

(5)自查与互查

自查即责任主体单位或个人自行开展的责任区域或责任岗位的安全检查；互查是指各部门之间、部门内部各下属单位之间、相同岗位的个人之间开展的安全检查。自查与互查是其他安全检查方法的有效补充，这种检查方法可以起到相互学习、相互促进的作用。

在实际检查工作中，上述检查方法并不都是单独使用的，而经常是交叉运用。

2.5.4.2 检查方式

安全检查的方式按照检查时间、目的、要求的不同，可分为经常性检查、定期检查、突击检查、专项检查、专业性检查五种方式。

(1)经常性检查

又称日常检查，是指责任主体单位内部各级领导、各级安全管理人员和各个岗位人员，在各自的责任范围内经常深入现场开展的安全检查，具体检查内容依据岗位职责而定。经常性检查包括以下几种形式。

①开机检查，是指在设备设施开机运行前、停止运行后、检修时、新设备设施竣工及试运行时，进行的设备设施状态的安全检查；

②巡逻检查，是指安全保卫人员和安全管理人员对责任区域的安全防护设施、治安情况进行的巡逻巡查；

③岗位检查，是指岗位责任人对责任区域内环境、设备设施、安全防护设施及措施等进行检查确认；

④重点检查，是指安全管理人员组织有关人员对部门内部的重点部门、重点岗位、重要设备设施等开展的检查。

在开展经常性检查的时候，对于各类设备设施、责任区域有无潜在的安全危险，对上述安全危险或缺陷采取了什么具体措施，对出现的紧急情况有无可靠的立即消除措施三个方面必须列入检查内容。

(2)定期检查

是指各级气象安全生产主管部门或责任主体单位内部自行组织的按规定的周期进行的安全检查。定期检查包括以下几种形式。

①季节性检查，是指根据季节特点，为保障安全生产的特殊要求所进行的检查。如春季风大，应注重防火工作；夏季高温、多雨、多雷电，应注重防暑、降温、防汛工作，检查雷电保护设备；秋冬季风干物燥，注重防火、防冻、防滑等工作。

②重大节日和活动前检查，由于节日前职工的思想容易松懈，容易出现降低安全生产重视程度的情况，而重大活动如出现火灾、非正常人员伤亡等事件，势必会对本部门乃至上级部门造成较严重的不良影响，所以开展重大节日和活动前检查必须要引起高度重视。在春节、劳动节、国庆节等重大节日前，以及全国两会、大型国际外交活动、地方性重大活动等重要活动前，要着重开展安全生产、防火保卫、交通安全等综合检查。

(3)突击检查

是指各个检查主体在不发通知、不打招呼、不听汇报、不用陪同接待，被检查对象并不知情的情况下进行的暗查暗访。

(4)专项检查

是指按照安全生产监管部门、各级气象部门安全生产主管部门的要求，或根据国内安全生产形势，接受监管部门、上级主管部门组织的检查，或责任主体单位内部自行组织的防火安全、交通安全、食品卫生安全等专项检查。

(5)专业性检查

是指针对特殊作业、特殊设备、特殊场所进行的检查。专业性检查一般是对容易发生或引起重大伤亡事故的作业、设备、场所进行检查，如对锅炉、变配电设备、消防设施、机械设备、大型空调设备、冷冻设备、液化气系统、危险物品、压力容器等。专业性检查除相关管理人员外，参与的相关专业技术人员一般应具有国家认证的相关资质。

以上各种检查方式，应根据工作需要和安全形势选择进行，可相互结合、灵活运用。

2.5.5　检查记录

检查记录是记载检查基本情况的文字材料和重要的原始档案资料，具有执行依据、文件基础、日后查考和史料价值等作用。检查记录一般应包括标题、被检查单位名称、检查地址、法定代表人（负责人）、职务、联系电话、检查时间、检查的内容和发现的问题、处理意见、检查人员单位与姓名（签字）、被检查单位现场负责人（签字）等。检查记录内容必须实事求是、真实准确完整。

安全检查记录样表如下所示。

安全检查记录表(样式)

<table>
<tr><td colspan="2">被检查单位</td><td colspan="5"></td></tr>
<tr><td colspan="2">法定代表人
(负责人)</td><td></td><td>职务</td><td></td><td>电话</td><td></td></tr>
<tr><td colspan="2">检查场所</td><td colspan="5"></td></tr>
<tr><td colspan="2">检查时间</td><td colspan="5">年　月　日　时　分
至　年　月　日　时　分</td></tr>
<tr><td colspan="2">检查内容</td><td colspan="5"></td></tr>
<tr><td colspan="2">发现问题</td><td colspan="5"></td></tr>
<tr><td>序号</td><td>具体位置或场所</td><td colspan="4">具体问题</td><td>隐患类型</td></tr>
<tr><td></td><td></td><td colspan="4"></td><td></td></tr>
<tr><td></td><td></td><td colspan="4"></td><td></td></tr>
<tr><td colspan="7">处理意见</td></tr>
<tr><td colspan="2">检查人员单位与
姓名(签字)</td><td colspan="5"></td></tr>
<tr><td colspan="2">被检查单位
现场负责人(签字)</td><td colspan="5"></td></tr>
</table>

注:本记录应当妥善保管,以备应急管理部门检查。

2.5.6 检查结果应用

安全检查结果应用,是指各级气象安全生产主管部门、本级气象部门安全生产归口管理单位对安全检查结果的整改情况的跟踪落实,以及将检查结果作为各级气象部门加强安全生产管理、事故调查与责任追究、工作考核的重要依据。检查主体只限定于各级气象安全生产主管部门和本级气象部门安全生产归口管理单位(以下简称检查单位)。

(1)跟踪落实

①催告。检查单位在下达检查处理意见后,可采取去电、去函等方式催告被检查单位在规定的期限内落实相关工作,并将整改结果报送检查单位。

②约谈。被检查单位在规定时间内未执行、未采纳检查结果的,检查单位应按照《中国气象局安全稳定工作约谈函询办法(试行)》,对相关单位负责人进行警示

性约谈。

③报告。约谈后，对检查结果仍执行不到位的单位，检查单位可书面报告本级主要负责人或分管安全工作负责人或分管(联系)该单位负责人。

(2)加强安全生产管理

检查单位应及时进行分析研究，查找安全管理的薄弱环节，制定完善相关规章制度和安全规程；对于因受经费制约而无法整改到位的，应考虑在相关预算安排中予以解决；对检查结果在一定范围内进行通报，促进对安全生产重视程度的提高；对检查结果和整改情况进行归档管理，既形成相关档案资料，又便于备查使用。

(3)事故调查和责任追究

对于检查处理意见未落实或落实不到位而造成的生产安全事故，检查结果可作为事故处理和责任追究的重要参考依据。

(4)工作考核

检查结果可作为制定目标考核指标，以及做好目标考核评分的重要参考依据。

2.6　隐患排查

气象部门内部安全生产隐患排查，是指各级气象部门自身组织安全生产管理人员、专业技术人员和其他相关人员，对本单位的安全事故隐患进行排查，并对排查出的事故隐患，按照事故隐患等级进行登记，建立事故隐患信息档案。

2.6.1　排查主体

各级气象部门是本部门安全隐患排查的责任主体，负责组织开展本部门的安全隐患排查工作。

2.6.2　排查对象

各级气象部门在其内部安全生产责任范围内，所有为各项工作正常运行提供各类保障的场所、设备设施、人员、环境等，重点以气象部门内部安全生产常见风险防范清单和补充清单中所涉及的风险点为隐患排查对象。该排查对象既是各级气象部门内部隐患排查的关注点，也是日常安全检查的关注点。

2.6.3　排查内容

以气象部门内部安全生产常见风险防范清单和补充清单中所涉及的风险点作为隐患排查的重要内容。

根据隐患划分原则，结合隐患排查实际工作情况，从现场操作方面对隐患进行分类，将隐患划分为基础管理类和现场管理类两部分，这种分类方法比较适合于气象部门安全生产隐患自查工作的开展，如基础管理类的隐患，各级气象部门自查时主要通过在安全管理部门查阅资料的方法获得，现场管理类隐患则需要各级气象部门对工作（含作业）现场进行实地检查。

（1）基础管理类

基础管理类隐患主要是针对生产经营单位资质证照、安全生产管理机构及人员、安全生产责任制、安全生产管理制度、安全操作规程、教育培训、安全生产管理档案、安全生产投入、应急救援、特种设备基础管理、职业卫生基础管理、相关方基础管理、其他基础管理等方面存在的缺陷。

①生产经营单位资质证照类隐患

各级气象部门管理的生产经营单位（以下简称生产经营单位）资质证照类隐患主要是指生产经营单位在安全生产许可证、消防验收报告、安全评价报告等方面存在的不符合法律法规的问题和缺陷。

②安全生产管理机构及人员类隐患

安全生产管理机构及人员类隐患主要是指各级气象部门未根据自身特点，依据相关法律法规或标准要求，设置安全生产管理机构或者配备专（兼）职安全生产管理人员。

③安全生产责任制类隐患

安全生产责任制涵盖单位主要负责人、安全生产负责人、安全生产管理人员等，并逐级落实安全生产职责。未建立安全生产责任制或责任制建立不完善的，属于此类隐患。

④安全生产管理制度类隐患

根据各级气象部门的特点，安全生产管理制度主要包括安全生产教育和培训制度，安全生产检查制度，具有较大危险因素的场所、设备和设施的安全管理制度，危险作业管理制度，劳动防护用品配备和管理制度，安全生产奖励和惩罚制度，生产安全事故报告和处理制度，隐患排查制度，有限空间作业安全管理制度，其他保障安全生产和职业健康的规章制度等。各级气象部门缺少某类安全生产管理制度或某类制度制定不完善时，则称其为安全生产管理制度类隐患。

⑤安全操作规程类隐患

各级气象部门缺少岗位操作规程或岗位操作规程制定不完善的，则称其为安全操作规程类隐患。

⑥教育培训类隐患

各级气象部门教育培训包括对单位主要负责人、安全管理人员、从业人员以及特殊作业人员的教育培训（如有限空间作业），各级气象部门应根据相关法律法规，满足培训时间、培训内容的要求。各级气象部门未开展安全生产教育培训或培训时间、培训内容不达标的，称其为教育培训类隐患。

⑦安全生产管理档案类隐患

安全生产记录档案主要包括教育培训记录档案，安全检查记录档案，危险场所/设备设施安全管理记录档案，危险作业管理记录档案（如动火证审批），劳动防护用品配备和管理记录档案，安全生产奖惩记录档案，安全生产会议记录档案，事故管理记录档案，变配电室值班记录、检查及巡查记录，职业危害申报档案，职业危害因素检测与评价档案，工伤社会保险缴费记录，安全费用台账等。各级气象部门未建立安全生产管理档案或档案建立不完善的，属于安全生产管理档案类隐患。

⑧安全生产投入类隐患

各级气象部门应结合本单位实际情况，建立安全生产资金保障制度，安全生产资金投入（或称安全费用），应当专项用于下列安全生产事项，主要包括安全技术措施工程建设，安全设备、设施的更新和维护，安全生产宣传、教育和培训，劳动防护用品配备，其他保障安全生产的事项。各级气象部门在安全生产投入方面存在的问题和缺陷，称为安全生产投入类隐患。

⑨应急管理类隐患

应急管理包括应急机构和队伍、应急预案和演练、应急设施设备和物资、事故救援等方面的内容。应急机构和队伍方面的内容应包括：制定应急管理制度，按要求和标准建立应急救援队伍，未建立专职救援队伍的要与邻近相关专业专职应急救援队伍签订救援协议、建立救援协作关系，规范开展救援队伍训练和演练。应急预案和演练方面的内容应包括：按规定编制安全生产应急预案，重点作业岗位有应急处置方案或措施，并按规定报当地主管部门备案、通报相关应急协作单位，定期与不定期相结合组织开展应急演练，演练后进行评估总结，根据评估总结对应急预案等工作进行改进。应急设施装备和物资方面的内容应包括：按相关规定和要求建设应急设施、配备应急装备、储备应急物资，并进行经常性检查、维护保养，确保其完好可靠。事故救援方面的内容应包括：事故发生后，立即启动相应应急预案，积极开展救援工作；事故救援结束后进行分析总结，编制救援报告，并对应急工作进行改进。各级气象部门在应急救援方面存在的问题和缺陷，称为应急救援类隐患。

⑩特种设备基础管理类隐患

特种设备属于专项管理，在安全生产事故隐患分类中，为了将专项加以区分，分为基础管理和现场管理两部分。凡涉及生产经营单位在特种设备相关管理方面不符合法律法规的内容，均归于特种设备基础管理类隐患。这类隐患主要包括特种设备管理机构和人员、特种设备管理制度、特种设备事故应急救援、特种设备档案记录、特种设备的检验报告、特种设备保养记录、特种作业人员证件、特种作业人员培训等内容。

⑪职业卫生基础管理类隐患

与特种设备类似，职业卫生也属于专项管理。凡涉及各级气象部门在职业卫生相关管理方面不符合法律法规的内容，均归于职业卫生基础管理类隐患。这类隐患主要包括职业危害申报、变更申报、职业病防治计划及实施方案、职业卫生管理制度或操作规程、危害因素检测报告、职业危害因素监测及评价、危害告知、设备/化学品材料中文说明书、职业健康监护档案、职业卫生档案、职业卫生机构及人员、职业卫生教育培训、职业卫生应急救援预案等内容。

⑫相关方基础管理类隐患

相关方是指相关气象部门将属于本单位管理的生产经营项目、场所、设备发包或者出租给其他单位。涉及相关方的管理问题，属于相关方基础管理类隐患。

⑬其他基础管理类隐患

不属于上述十二种隐患分类的安全生产基础管理类的不符合项，属于其他基础管理类隐患。

（2）现场管理类

现场管理类隐患主要是针对特种设备现场管理、生产设备设施及工艺、场所环境、从业人员操作行为、消防安全、用电安全、职业卫生现场安全、有限空间现场安全、辅助动力系统、相关方现场管理、其他现场管理等方面存在的缺陷。

①特种设备现场管理类隐患

特种设备包括锅炉、压力容器（含气瓶）、压力管道、电梯、起重机械、客运索道、大型游乐设施和场（厂）内专用机动车辆，这类设备自身及其现场管理方面存在的缺陷，属于特种设备现场管理类隐患。

②生产设备设施及工艺类隐患

生产经营单位生产设备设施及工艺方面存在的缺陷，称为生产设备设施及工艺类隐患。此处的生产设备设施不包括特种设备、电力设备设施、消防设备设施、应急救援设施装备以及辅助动力系统涉及的设备设施。

③场所环境类隐患

各级气象部门的场所环境类隐患主要包括办公环境、生产环境、车间作业、仓库作业、危险化学品作业场所等方面存在的问题和缺陷。

④从业人员操作行为类隐患

从业人员“三违”主要包括从业人员违反操作规程、违反劳动纪律和负责人违反操作规程指挥从业人员进行作业。从业人员操作行为类隐患包括“三违”行为和个人防护用品佩戴两方面。

⑤消防安全类隐患

各级气象部门消防方面存在的缺陷，称为消防安全类隐患，主要包括应急照明、消防设施与器材等内容。

⑥用电安全类隐患

各级气象部门涉及用电安全方面的问题和缺陷，称为用电安全类隐患，主要包括配电室，配电箱、柜，电气线路敷设，固定用电设备，插座，临时用电，潮湿作业场所用电，安全电压使用等内容。

⑦职业卫生现场安全类隐患

职业卫生专项管理中，涉及各级气象部门在职业卫生现场安全方面不符合法律法规的内容，均归于职业卫生现场安全类隐患。这类隐患主要包括禁止超标作业，检、维修要求，公告栏，警示标识，生产布局，防护设施和个人防护用品等方面存在的问题和缺陷。

⑧有限空间现场安全类隐患

有限空间现场安全类隐患主要包括有限空间作业审批、危害告知、先检测后作业、危害评估、现场监督管理、通风、防护设备、呼吸防护用品、应急救援装备、临时作业等方面存在的问题和缺陷。

⑨辅助动力系统类隐患

辅助动力系统主要包括压缩空气站、乙炔站、煤气站、天然气配气站、氧气站等为生产经营活动提供动力或其他辅助生产经营活动的系统。其中涉及特种设备的部分归于特种设备现场管理类隐患。

⑩相关方现场管理类隐患

涉及相关方现场管理方面的缺陷和问题，属于相关方现场管理类隐患。

⑪其他现场管理类隐患

不属于上述十种隐患分类的安全生产现场管理类的不符合项，属于其他现场管理类隐患。

2.6.4 隐患确认标准

在隐患排查过程中是否认定为隐患，具体判断应考虑以下方面：①违反法律、法规、规章、标准、规程、规范的要求；②不符合气象部门内部安全生产常见风险防范清单和补充清单中对风险点制定的应对措施；③不符合各级安全生产主管部门及安全监管部门提出的相关要求；④不符合本单位制定的管理制度、操作规程的要求;⑤违反本单位采取且证明有效的安全和职业卫生管理措施。

2.6.5 排查方法和种类

2.6.5.1 排查方法

目前经常采用的隐患排查方法有以下五种。

(1)直观经验法

该方法是指依靠人员的观察分析能力,借助经验和判断能力直观地评价对象的危险性,判断出可能发生的事故。

(2)基本分析法

对于某项作业活动,对照危害分类中物的不安全状态、人的不安全行为和管理上的缺陷,确定本项作业活动中的具体安全隐患。

(3)工作安全分析法

该方法是把一项作业分成几个作业步骤,排查整个作业活动每一步骤中的安全隐患。

(4)安全检查表法

运用已编制好的安全检查表,进行系统的安全检查,排查出存在的安全隐患。

(5)安全标准化法

隐患排查可以参照安全生产标准化考评表进行,对考评表中设备、现场环境与职业健康、安全管理进行打分考评,考评表中不合格的项目就是安全隐患。

2.6.5.2 排查种类

(1)专项排查

是指采用特定的、专门的排查方法,这种类别的方法具有周期性、技术性和投入性。主要是按隐患排查治理标准进行的全面自查、对重点危险源(安全风险)的定期评价、对危险化学品的定期现状安全评价等。

(2)日常排查

是指与安全生产检查工作相结合,具有日常性、及时性、全面性的排查方法。主要有各级气象部门全面的安全生产大检查、主管部门的专业安全检查、专业管理部门的专项安全检查、各管理层级的日常安全检查、操作岗位的现场安全检查等。

2.6.6 问题隐患建账

各级气象部门要结合安全生产检查或隐患排查出的隐患问题,建立本单位《安全隐患问题台账》(见下表),台账一般包括四个方面:①基本情况,包括被排(检)查单位、排(检)查时间、排(检)查人等;②隐患情况,包括隐患具体位置或场所、隐患类型、具体问题、整改期限等；③治理情况，包括责任人、完成整改时间、资金投入、隐患整改措施等；④复查验收情况，包括复查验收时间、复查验收结果、复查验收人员及其签字等。

安全隐患问题台账

<table>
<tr><td colspan="7">基本情况</td></tr>
<tr><td colspan="2">被排(检)查单位</td><td colspan="5"></td></tr>
<tr><td colspan="2">排(检)查时间</td><td colspan="5">年　月　日　时　分至　　年　月　日　时　分</td></tr>
<tr><td colspan="2">排(检)查人</td><td colspan="5"></td></tr>
<tr><td colspan="7">隐患情况</td></tr>
<tr><td>序号</td><td>具体位置
或场所</td><td colspan="3">具体问题</td><td>隐患类型</td><td>整改期限</td></tr>
<tr><td></td><td></td><td colspan="3"></td><td></td><td></td></tr>
<tr><td></td><td></td><td colspan="3"></td><td></td><td></td></tr>
<tr><td></td><td></td><td colspan="3"></td><td></td><td></td></tr>
<tr><td colspan="7">治理情况</td></tr>
<tr><td>责任人</td><td></td><td>完成时间</td><td></td><td>资金投入</td><td colspan="2">万元</td></tr>
<tr><td>序号</td><td colspan="6">整改措施</td></tr>
<tr><td></td><td colspan="6"></td></tr>
<tr><td></td><td colspan="6"></td></tr>
<tr><td colspan="7">复查验收情况</td></tr>
<tr><td colspan="7">复查验收结果：

验收人(签字)：　　　　　　验收日期：</td></tr>
</table>

2.7　隐患治理

对安全督查、检查、排查所发现的各类隐患进行整改治理，才能真正解决各级气象部门所存在的安全问题，降低风险，提升安全管理水平。依据《安全生产事故隐患排查治理暂行规定》(安监总局令第 16 号令，以下简称《规定》)，事故隐患分为一般事故隐患和重大事故隐患。一般事故隐患，是指危害和整改难度较小，发现后能够立即整改排除的隐患。重大事故隐患，是指危害和整改难度较大，应当全部或者局部停产停业，并经过一定时间整改治理方能排除的隐患，或者因外部因素影响致使各级气象部门自身难以排除的隐患。

2.7.1 一般隐患治理

(1)一般隐患的分级

为更好地有针对性地治理各级气象部门存在的一般隐患，要对一般隐患作进一步的细化分级。事故隐患的分级应按照“分级治理、分类实施”的原则，以隐患整改、治理和排除的难度及其影响范围为标准，一般分为岗位级、房间级、部门下属单位级、部门级，其含义是在相应级别的个人、区域或组织（单位）中能够整改、治理和排除。其中部门级隐患中的某些隐患如果属于重大事故隐患范畴的，应列入重大事故隐患。

(2)隐患整改要求

对于一般事故隐患应由各级气象部门相应级别的负责人或者有关人员组织整改，整改分为现场立即整改和限期整改。

①现场立即整改。有些隐患存在明显违反操作规程和劳动纪律的行为，如办公设备不断电，属于个人不安全行为的一般隐患，排查人员一旦发现，应当要求立即整改，并如实记录，以备对此类行为统计分析，确定是否为习惯性或群体性隐患。有些设备设施方面的，如安全装置没有启用、现场混乱等物的不安全状态这些一般隐患，也可以要求现场立即整改。

②限期整改。有些隐患难以做到立即整改，如应急照明不能正常工作，但属于一般隐患，则应限期整改。限期整改通常由排查人员或排查主管部门对隐患所属单位发出“隐患整改通知书”，内容中需要明确列出隐患发现的时间和地点、隐患情况的详细描述、隐患发生原因的分析、隐患整改责任的认定、整改负责人、整改的方法和要求、整改期限要求等。限期整改需要全过程监督管理，除对整改结果进行“闭环”确认外，也要在整改工作实施期间进行监督，以发现和解决可能临时出现的问题，防止拖延。

2.7.2 重大隐患治理

针对重大隐患，要及时进行报告、制定专门治理方案，且由于重大隐患治理的复杂性和较长的周期性，在没有完成治理前，还要有临时性的措施和应急预案。治理后要书面申请接受审查工作。

(1)报告重大事故隐患

《规定》第十四条规定，对于重大事故隐患，生产经营单位应当及时向安全监管监察部门和有关部门报告。重大事故隐患报告内容应当包括：①隐患的现状及其产生原因；②隐患的危害程度和整改难易程度分析；③隐患的治理方案。第三十一条规定，事业单位、人民团体以及其他经济组织的事故隐患排查治理，参照本规定执行。根据以上规定，各级气象部门如发现重大事故隐患，应按照当地应急管理部门和有关部门报送要求和流程进行报送。

(2)制定重大事故隐患治理方案

《规定》第十五条规定，对于重大事故隐患，由生产经营单位主要负责人组织制定并实施事故隐患治理方案。重大事故隐患治理方案应当包括以下内容：①治理的目标和任务；②采取的方法和措施；③经费和物资的落实；④负责治理的机构和人员；⑤治理的时限和要求；⑥安全措施和应急预案。

此外，《规定》第二十条规定，安全监管监察部门对检查过程中发现的重大事故隐患，应当下达整改指令书，并建立信息管理台账。必要时，报告同级人民政府并对重大事故隐患实行挂牌督办。安全监管监察部门发现属于其他有关部门职责范围内的重大事故隐患的，应该及时将有关资料移送有管辖权的有关部门，并记录备查。根据上述规定，如果各级气象部门有应急管理部门或其他有关部门所下达的“整改指令书”或政府挂牌督办的有关内容的要求，在制定重大事故隐患治理方案时必须考虑体现在治理方案中。

(3)重大事故隐患治理过程中的安全防护措施

《规定》第十六条规定：“生产经营单位在事故隐患治理过程中，应当采取相应的安全防范措施，防止事故发生。事故隐患排除前或者排除过程中无法保证安全的，应当从危险区域内撤出作业人员，并疏散可能危及的其他人员，设置警戒标志，暂时停产停业或者停止使用；对暂时难以停产或者停止使用的相关生产储存装置、设施、设备，应当加强维护和保养，防止事故发生。”重大事故隐患治理方案中的“安全措施和应急预案”更是安全防范措施中的重要内容。

(4)重大事故隐患的治理过程

《规定》第二十一条规定：“已经取得安全生产许可证的生产经营单位，在其被挂牌督办的重大事故隐患治理结束前，安全监管监察部门应当加强监督检查。必要时，可以提请原许可证颁发机关依法暂扣其安全生产许可证。”第二十二条规定：“安全监管监察部门应当会同有关部门把重大事故隐患整改纳入重点行业领域的安全专项整治中加以治理，落实相应责任。”上述规定意味着各级气象部门在重大事故隐患治理过程中，还要随时接受和配合安全监管部门的重点监督检查。如果重大事故隐患属于重点行业领域的安全专项整治的范围，就更应落实相应的整改、治理的主体责任。

(5)重大事故隐患治理情况评估

《规定》第十八条第一款规定：“地方人民政府或者安全监管监察部门及有关部

门挂牌督办并责令全部或者局部停产停业治理的重大事故隐患，治理工作结束后，有条件的生产经营单位应当组织本单位的技术人员和专家对重大事故隐患的治理情况进行评估；其他生产经营单位应当委托具备相应资质的安全评价机构对重大事故隐患的治理情况进行评估。"这种评估主要是针对治理的效果进行的，确定其措施的合理性和有效性，确认对隐患及其可能导致的事故的预防效果。评估需要由具有一定条件和资质的技术人员和专家或有关相应资质的安全评价机构实施，以保证评估本身的权威性和有效性。

(6)重大事故隐患治理后的工作

《规定》第十八条第二款规定："经治理后符合安全生产条件的，生产经营单位应当向安全监管监察部门和有关部门提出恢复生产的书面申请，经安全监管监察部门和有关部门审查同意后，方可恢复生产经营。申请报告应当包括治理方案的内容、项目和安全评价机构出具的评价报告等。"第二十三条规定："对挂牌督办并采取全部或者局部停产停业治理的重大事故隐患，安全监管监察部门收到生产经营单位恢复生产的申请报告后，应当在 10 日内进行现场审查。审查合格的，对事故隐患进行核销，同意恢复生产经营；审查不合格的，依法责令改正或者下达停产整改指令。对整改无望或者生产经营单位拒不执行整改指令的，依法实施行政处罚；不具备安全生产条件的，依法提请县级以上人民政府按照国务院规定的权限予以关闭。"根据上述规定，各级气象部门应高度重视重大事故隐患治理，确保重大事故隐患治理达到预期效果，并通过相关部门的审查。

2.7.3 隐患治理措施

隐患治理及其方案的核心都是通过具体的治理措施来实现的，这些措施大体上分为工程技术措施和管理措施，还有对重大隐患需要做的临时性防护和应急措施。

(1)治理措施的基本要求

①能消除或减弱生产过程中产生的危险、有害因素；

②处置危险和有害物，并降低到国家规定的限制范围内；

③预防生产装置失灵和操作失误产生的危险、有害因素；

④能有效地预防重大事故和职业危害的发生；

⑤发生意外事故时，能为遇险人员提供自救和互救条件。

隐患治理的方式方法是多种多样的，有时候隐患治理很难彻底消除隐患，这就必须在遵守法律法规和标准规范的前提下，将其风险降低到可以接受的程度。

例如，职工在下班后未切断电脑等一般用电设备电源是一个典型的低级别隐患，其治理方式主要是以教育提醒为主，通常是不需要制定治理方案的。但经过经常统计分析,发现这种现象普遍存在,成为一种习惯性或群体性违规,那么就要将其隐患的级别上升,并制定治理方案,采取多种措施和手段进行治理。

(2)工程技术措施

工程技术措施的实施等级顺序是直接安全技术措施、间接安全技术措施、指示性安全技术措施等。根据等级顺序的要求应遵循的具体原则按消除、预防、减弱、隔离、连锁、警告的顺序选择安全技术措施。应具有针对性、可操作性和经济合理性并符合国家有关法规、标准和设计规范的规定。

根据安全技术措施等级顺序的要求,应遵循以下具体原则。

①消除:尽可能从根本上消除危险、有害因素。如采用无害化工艺技术,生产中以无害物质代替有害物质,实现自动化作业、遥控技术等。

②预防:当消除危险、有害因素有困难时,可采取预防性技术措施,预防危险、危害的发生,如使用安全阀、安全屏护、漏电保护装置、安全电压、防爆膜等。

③减弱:在无法消除危险、有害因素和难以预防的情况下,可采取减少危险、危害的措施,如局部通风排毒装置、生产中以低毒性物质代替高毒性物质、降温措施、避雷装置、消除静电装置、减振装置等。

④隔离:在无法消除、预防、减弱的情况下,应将人员与危险、有害因素隔离和将不能共存的物质分开。如遥控作业、安全罩、防护屏、隔离操作间、安全距离、事故发生时的自救装置(如防护服、各类防毒面具)等。

⑤连锁:当操作者失误或设备运行一旦达到危险状态时,应通过连锁装置终止危险、危害发生。

⑥警告:在易发生故障和危险性较大的地方,配置醒目的安全色、安全标志;必要时设置声、光报警或声光组合报警装置。

(3)安全管理措施

安全管理措施往往在隐患治理工作中容易受到忽视,其实管理措施往往能系统性地解决很多普遍和长期存在的隐患,这就需要在实施隐患治理时,主动和有意识地研究分析隐患产生原因中的管理因素,发现和掌握其管理规律,通过修订有关规章制度和操作规程并贯彻执行来从根本上解决问题。

2.7.4　闭环管理

闭环管理是安全生产管理的基本要求,对任何一个过程的管理最终都要通过“闭环”才能结束。隐患治理的收尾工作也是“闭环”管理,在治理措施完成后,责任主体单位要对其结果进行验证和效果评估。验证就是检查措施的实现情况,是否按方案和计划要求一一落实;效果评估就是对完成的措施是否起到了隐患治理和整改的作用，是彻底解决了问题还是部分达到某种可接受程度的解决，是否真正能做到“预防为主”等方面进行评估。此外，对于所采取的隐患治理措施是否会带来或产生新的隐患，也需要特别的注意。

2.8 应急处置

2.8.1 总则

为加强气象部门安全生产工作，减少或避免气象部门生产过程中重大安全突发事件造成的损失，保障人民群众生命和财产安全，维护正常的工作和生产秩序，依据《中华人民共和国安全生产法》《中华人民共和国气象法》《国家突发公共事件总体应急预案》《生产经营单位生产安全事故应急预案编制导则》和《气象部门应急预案管理实施办法》等相关法律规章制度，制定本部门、本单位安全突发事件应急处置预案。适用于气象部门遇到的消防、交通、气象工程建设、构筑物、食堂食物、水暖电气操作等安全生产突发事件的应急处置，以及因自然灾害、公共安全事件造成的影响到本部门安全生产环境的安全突发事件。

应急预案要体现以下基本原则：

(1)预防为主。坚持“安全第一”原则，生产经营中充分遵守国家相应规章制度，落实好各项预防措施，常抓不懈，防患于未然，做好各项准备工作，提高应急处置能力。

(2)以人为本。始终将人民群众的生命和财产安全放在首位，切实加强应急救援队伍的科学指挥和人员的安全防护，最大程度控制突发事故的规模和范围。

(3)统一指挥。在中国气象局的统一指挥和协调下，各级气象部门与当地政府共同对本部门安全突发事件进行处理。

(4)科技为先。加强安全突发事件的科学可预测性研究和技术开发，采用先进的预测预警及应急处置设施，提高相应人员的整体素质和综合能力。

(5)依法依规。应急预案的制定、修改和实施，需严格遵照相关的法律法规和规章制度，并与上级部门的整体预案相衔接。

2.8.2 组织机构与职责

中国气象局是全国气象部门安全突发事件应急管理工作的最高领导部门，接受国务院有关部门监督与指导，对全国各级气象部门安全突发事件应急工作进行统一领导和指挥。

地方各级气象部门建立相应的应急指挥机制，制定符合本级实际的应急预案，并与当地政府主管部门一起，共同对本部门内的安全突发事件开展应对工作，启动相应级别的应急响应，及时向上级主管部门汇报工作，接受监督与指导。

2.8.3 预案编制

气象部门应急预案体系由国省市县四级应急预案构成，包括重大气象灾害应急预案、气象保障应急预案、部门内部突发事件处置应急预案三类。各级气象部门应依照当地实际情况，制定详细并切实有效的应急预案，严格按照中国气象局印发的《气象部门应急预案管理实施办法》(气发〔2014〕68号)规范编制。

重大气象灾害应急预案是各级气象部门依据本级政府气象灾害专项应急预案及所涉及的部门职责，为应对重大气象灾害，组织管理、指挥协调所管相关应急资源的应急行动计划和程序规范，必要时可根据应对响应需要制定分灾种应急预案。

气象保障应急预案是各级气象部门依据本级政府相关专项应急预案和其他部门应急预案及所涉及的部门职责，针对气象灾害外的自然灾害、事故灾难、公共卫生事件、社会安全事件和大型活动、重大工程建设需要提供气象应急保障而制定的行动计划和程序规范。

部门内部突发事件处置应急预案是气象部门根据工作实际，为应对可能出现的内部业务系统重大故障、突发重大安全生产事故等事件而制定的具体行动方案。

鼓励相邻、相近的气象部门联合制定应对区域性、流域性突发事件的联合应急预案。此外，针对安全突发事件中涉及的消防、卫生、防暴、防汛等需要与其他相关部门合作的应急处置，应尽可能与当地相关部门制定联合应急预案。

2.8.4 应急演练

2.8.4.1 应急演练原则

中国气象局负责制定本级应急演练计划，指导地方各级气象部门开展应急演练活动。

各级气象应急管理机构应当依照有关法律、行政法规和规定建立健全定期演练制度。预案编制单位定期组织开展应急预案演练。

2.8.4.2 应急演练内容

各级气象部门根据实际情况开展应急演练，演练种类应包括但不限于：

(1)安全生产事故应急演练；

(2)消防应急演练；

(3)急救应急演练；

(4)防汛抢险应急演练；

(5)食物中毒应急演练；

(6)高空坠物应急演练。

2.8.4.3 应急演练要求

各级气象应急管理机构应当制定应急预案演练年度计划。计划应包括演练牵头单位、参演单位、演练内容、演练形式、演练时间、演练保障等。

应急预案演练牵头单位根据年度计划制定演练方案并组织实施。根据预案性质和实际情况采取实战演练、桌面推演及安排专家讲解等方式,组织开展人员广泛参与、处置联动性强、形式多样、节约高效的应急演练。演练结束后,牵头单位应当对演练进行评估,评估的主要内容包括演练的执行情况,预案的合理性与可操作性,指挥协调和应急联动情况,应急人员的处置情况,演练所用设备装备的适用性,对完善预案、应急准备、应急机制、应急措施等方面的意见和建议等。对分析总结应急预案与实际应急需要的适用程度和发现的问题,及时向气象应急管理机构报告。鼓励委托第三方进行演练评估。

2.8.5 评估和修订

各级气象应急管理机构应当按照有关法律、行政法规和规定建立应急预案定期评估制度,分析评价预案内容的针对性、实用性和可操作性。预案编制单位定期组织预案的修订,一般应至少每3年进行一次修订,实现预案的动态优化和科学规范管理。

有下列情形之一的,预案编制单位应当根据实际需要和情势变化,适时组织修订:

(1)有关法律、行政法规、规章、标准、上位预案中的有关规定发生变化的;

(2)应急指挥机构及其职责发生重大调整的;

(3)面临的风险发生重大变化的;

(4)重要应急资源发生重大变化的;

(5)预案中的其他重要信息发生变化的;

(6)在实际应对和应急演练中发现问题需要作出重大调整的;

(7)应急预案编制单位认为应当修订的其他情况。

修订后的应急预案应重新进行审查、批准、备案和发布。

各级政府及其部门、企事业单位、社会团体、公民等,可以向气象应急管理机构提出应急预案修订建议。

2.8.6 应对机制

2.8.6.1 预防措施

地方各级气象部门针对可能发生的安全突发事件,应制定符合自身实际情况的应急预案，科学规划相应预防设施及避难场所，完善日常管理制度，加强基础生产环境的安全督查，生产经营中严格按照规章制度及操作手册进行。

各地气象部门应积极与当地公安、消防、防疫与卫生等相关部门制定联动应急预案，确保及时接收可能会对气象部门造成安全隐患的突发事件信息，依照预警级别分别展开应急应对工作。

2.8.6.2 预警等级

各类安全突发事件按照其性质、严重程度、可控性和影响范围等因素，一般分为四级。

Ⅰ级(特别重大)：事件造成重大人员伤亡及重大财产损失，严重破坏生态环境，危及公共安全并存在继续扩大的可能。

Ⅱ级(重大)：事件造成少量人员伤亡及重大财产损失，严重破坏生态环境，并危及公共安全。

Ⅲ级(较大)：事件未造成人员伤亡但造成重大财产损失或严重破坏生态环境，并危及公共安全。

Ⅳ级(一般)：事件未造成人员伤亡但造成一定财产损失或一定程度破坏生态环境，可能危及公共安全。

安全突发事件分级分别用红色、橙色、黄色和蓝色标识，Ⅰ级为最高级别。法律法规对安全突发事件的预警级别另有规定的，从其规定。

2.8.6.3 应急响应

特别重大、重大安全突发事件发生后，事发地市级、省级气象部门应立即启动相应应急预案，与当地政府根据实际情况，共同采取应对措施。及时与上级主管部门 24 小时应急值班电话联络并汇报事件信息，中国气象局组织成立应急工作组及专家组赶赴现场成立指挥部，进行统一指挥和现场应急处置。特别重大安全突发事件有扩大、发展趋势时，现场指挥部应及时上报国务院应急部门请求支援。

较大安全突发事件发生后，事发地市级、县级气象部门应立即启动相应应急预案，与当地政府根据实际情况，共同采取应对措施。及时与上级主管部门 24 小时应急值班电话联络并汇报事件信息，省级气象局组织成立应急工作组赶赴现场进行统一指挥和现场指导督查，成立现场指挥部，根据现场情况，定时向中国气象局应急部门汇报事件最新进展情况。

一般安全突发事件发生后，事发地县级气象部门应立即启动相应应急预案，与当地政府根据实际情况，共同采取应对措施。及时与上级主管部门 24 小时应急值班电话联络并定时汇报事件信息，市级气象局可依据事件规模决定是否组织成立应急工作组赶赴现场，并且应及时掌握并了解现场最新处置情况。

其中，应对措施包括但不限于：

(1)与卫生健康部门和消防部门共同实施救援行动，组织职工和群众开展自救工作。

(2)与公安部门共同划定警戒区域，对事件影响范围地采取必要的人员驱散行动、封锁隔离事发地。

(3)对现场实施动态监测，采取必要的安全防护措施。

(4)向公众发布危险和避险警告。

(5)无法控制事态进展的，及时请求上级部门或其他相关部门的帮助。

2.8.6.4 解除应急

应急指挥部门或现场指挥部确认安全突发事件得到有效控制，并且危害已经解除后，可向上一级应急指挥机构提出解除现场应急控制。在综合各方主管部门意见后，作出终止应急预案的指令，撤销现场指挥部，宣布应急结束。如有必要，可通过信息发布渠道向公众说明应急终止信息。

2.8.6.5 事后处置

应急解除后，各地气象部门应立即组织对突发事件的起因、性质、影响等问题进行调查评估，总结经验教训，提出改进措施。及时开展相应的损失评估工作和恢复重建工作，具体工作可依据事件等级向上级气象部门及政府主管部门请求协助。

2.8.7 信息报告

当发生安全突发事件时，应遵循“逐级上报、积极响应”原则，各级气象部门根据事件的紧急和规模范围，判断是否进入应急响应阶段，及时报告上一级领导部门，并积极与当地政府、消防、公安及卫生等相关部门联络。

2.8.8 信息发布

应急处置有关信息发布应当准确、及时、客观、全面。

信息发布形式主要包括电视直播、发布通稿、组织现场报道、接受记者采访、举行新闻发布会以及官方网络信息平台等。

信息发布内容主要包括事故影响范围、事件进展、发展趋势、恢复程度及应急响应和服务工作等情况。

2.9 宣传教育

安全生产宣传教育是一项基础性工作，做好安全生产宣传教育工作，就是要普及安全生产知识，发挥宣传教育对人的安全理念的培养、激励作用，规范人的行为，有效预防和遏制事故发生，这既是贯彻安全生产“预防为主”方针的重要手段，也是构建安全预防控制体系的重要环节。

2.9.1 宣传教育思想建设

安全生产宣传教育首先要聚焦在增强安全意识、提高安全素养、调动每个人参与安全生产的主动性上，实现“人人重视安全问题，人人懂得安全常识，人人参与安全管理”的目标。安全生产宣传教育思想建设，就是要由内而外地强化安全生产宣传教育重要性的认识，统一思想，明确目标，自觉增强并持之以恒地抓紧、抓实、抓好工作的内在动力，使宣教对象树立、培养安全意识，增强对安全生产重要性的认识，调动做好安全生产工作的主动性。

2.9.2 宣传教育队伍建设

(1)通讯员队伍建设。各单位可建立具有一定政治思想素质、政策理论和写作水平的安全通讯员队伍，及时传递本单位的安全生产信息，总结典型经验，剖析事故案例，提供第一手素材。同时建立通讯员管理、培训、激励等机制，提高通讯员搜集、采编、报送信息的能力和工作积极性。

(2)专业队伍建设。各单位可建立相对稳定的负责安全生产宣传教育工作的专业队伍，除每年“安全生产月”“安全生产万里行”和“119 消防日”等活动的集中宣传教育外，还要拿出一定的时间，研究和创新宣传形式，宣传与生产生活息息相关的安全常识、技能。同时可与地区安委会建立畅通的联络机制，定期组织研讨、培训，研究问题，交流经验，不断提高宣教队伍的专业化水平。

(3)专家队伍建设。可组建安全生产工作专家组，请专家担任安全生产宣传工作的解说员、辅导员，从原理和技术层面切入，结合扎实的理论基础和丰富的工作经验，深入一线宣讲安全生产方针政策、法律法规、安全知识、安全常识，剖析典型案例。

2.9.3 宣传教育平台建设

安全生产宣传教育平台建设，就是针对不同人群，开辟和构建立体、多维宣传教育渠道。

(1)媒体平台建设。一是巩固传统媒体。加强与传统媒体的沟通协调，结合传统媒体受众的特点，通过开办专栏、专题报道、访谈等形式，开展安全生产宣传教育。二是拓展新媒体。结合官方客户端、微信、微博等新媒体形式传播速度快、覆盖范围大的特点，建立微信公众平台，开通政务微博，制作适合新媒体形式传播的内容，拓展安全生产宣传教育的新思路，真正实现安全生产常识、知识的立体传播。

三是打造媒体辅助平台。充分利用户外电子显示屏、电梯楼宇广告、宣传标语、宣传栏等形式，覆盖媒体不能覆盖的特殊人群。

(2)教育培训平台。干部对工作有着决定权，其对安全生产重要性的认识程度，直接决定了他所领导的地区、部门和单位对安全工作的重视程度。在干部教育培训工作中，要将安全生产工作内容写进教材，让安全生产理论、案例和安全生产常识走进培训课堂，走进领导干部的头脑中去，可以起到以点带面、事半功倍的效果。

(3)街道和社区平台。街道和社区是安全生产工作的基本单元，是安全生产工作的最终执行者和受益者。各单位可联合街道和社区，发动广大街道和社区积极参与安全生产宣传教育工作，利用街道和社区的扁平化特点，影响和带动周边环境和周边人群，发挥辐射作用，达到最广泛的宣传教育效果。

2.10 基础建设

安全生产方针是“安全第一、预防为主、综合治理”，也就是坚持预防为主、标本兼治、系统建设、依法治理，切实降低重特大事故发生频次和危害后果，最大限度减少人员伤亡和财产损失。

安全生产事关人民群众生命财产安全，事关改革发展稳定大局。是持续、健康、和谐、稳定发展的根本保证，要实现安全生产，就必须变“被动安全”为“主动安全”，变“事后处理”为“事前预防”和“事中控制”。从人的安全责任意识与设备的安全防范措施着手，养成自我教育、自我管理、自我约束、自我防范的安全责任意识，最大限度地发挥人的主观能动性，及时排除安全隐患，不断提高安全生产工作效率。因此，通过加强以“人防、技防、物防”为主的安全生产基础建设，对有效防范安全生产事故的发生必将发挥重大的作用。

2.10.1 加强“人防”建设

以“人防”为中心，加强职工安全知识技能教育和工作责任意识，提高职工安全防范意识。安全生产工作只有起点没有终点，人在安全生产中起着决定性的作用，只有以人为本、创新思维，持之以恒地贯彻安全生产管理思路，建设出一支高素质的安全人才队伍，才能筑牢安全生产的基石。

(1)强化意识

我们常说“思想不牢，地动山摇”“要想把好安全关，思想工作要领先”，这说明只有有了高度的安全意识，才能真正做好安全工作，所以首先思想上时时刻刻要有一个“安全阀”和一种“安全生产、预防为先”的意识。

安全意识包括：①依法安全生产的意识；②遵守规章制度的意识；③以人为本

的意识；④严格遵守操作规程的意识；⑤安全隐患绝不放过的意识；⑥“安全第一、预防为主、综合治理”的意识；⑦为了安全、舍得投入的意识；⑧职工群众是搞好安全生产的主体的意识；⑨树立对自己安全负责，更要对他人安全负责的意识；⑩努力学习安全知识，不断提高安全生产技能的意识；⑪不断增强事故预防和应急处理能力的意识；⑫其他安全意识。

(2)强化队伍建设

基层安全生产管理队伍普遍存在人手不足、专业人员少、装备落后等问题，难以满足实际安全生产工作的需要。因此，要加强安全生产管理专/兼职人员的培训、增加安全生产管理工作交流的机会，从政策上、经费上予以充分支持。

2.10.2 加强“技防”建设

以“技防”为重点，完善设备技术安全防范措施，提高设备运行安全。“技防”是实现安全生产的重要支撑，创新安全生产管理模式，提升安全生产管理方法，积极推进安全生产办公自动化、隐患排查治理信息化、重大危险源监控精准化、应急救援指挥系统科学化，为单位和监管机构提供便捷高效的安全生产信息服务，落实单位安全生产主体责任，有效减少事故发生，减少人员伤亡。

单位技术防范系统建设必须立足单位特点，才能做到稳定可靠、安全可行。

大力发展安全技术防范，以科技保平安，是应对日益复杂的治安形势的有效措施。在单位中建立安全技术防范系统，是以提高安全防范措施的科技含量为重点，以技术防范为途径，以中央监控室为纽带，以单位范围内的电子监控为辐射的新型单位安全防范体系。系统建设应该坚持网线和专线相结合、主控和分控相结合、可视和红外相结合、管理和监督相结合的原则，分级建设、分层管理，整个体系包括视频监控系统、报警系统、门禁系统、消防通道管理系统、巡更系统等多个部分。

视频监控系统建设是维护单位治安稳定的一项重要的基础性工作。视频监控系统，一是解决了保卫力量人员不足问题；二是解决了对抓获人员取证困难的问题；三是对犯罪分子起到震慑作用，增加职工安全感。所以，建设视频监控系统，应选用大方、简单的机型，安装在明显的地方，不用隐蔽起来；在选用监控设备时要遵循实用、耐用的原则，提高性价比，而不要求高精尖。在布点方面，遵循该密则密、该疏则疏的原则。在大楼的主出入口和公共场所，人员密集处密集布点，重点监控。

推动加装电气火灾监控、物联网消防设施远程监控和灶台灭火三大系统，加强微型消防站“建、管、训、用”环节衔接，提升“人防”“物防”“技防”水平。

2.10.3 加强“物防”建设

以“物防”为根本，完善防范设施，夯实物防基础。“物防”(物质防范)，就是在安全防范的对象周围安装障碍物，阻止或延迟作案分子进入，增加攀爬的难度。物质防范，又称实体防范，是古已有之的传统防范手段，它们是安全防范的基础。“物防”的主要作用在于推迟危险的发生，以空间换取时间，为人的“反应”提供足够的时间。现代的“物防”已不是单纯物质屏障的被动防范，而是越来越多地采用高科技手段，一方面使实体屏障被破坏的可能性变小，增大延迟时间；另一方面也使实体屏障本身增加探测和反应的功能。传统的“物防”为铁门、铁窗、铁网。随着撬压工具的发展，传统“物防”中的“三铁”作用不大，特别是气压剪钳工具的出现，“三铁”显得弱不禁风。

为此，安全投入要到位。安全投入是本单位的“救命钱”，经费允许时要在单位周边建立网围栏及红外报警系统，如有可疑人员进入，红外报警器会立即报警，安保人员将快速响应处理；在单位大门处安装电动伸缩门，加强对进出人员及车辆的盘查；为安保人员配备警戒装备，包括电警棍、盾牌、钢叉等，增强防范单位内部安全事故的能力；绘制单位“平安地图”，为职工提供多方面的避险方法；装备消防、防雷等设施，为单位和职工安全增加保障。

2.11 台账管理

建立安全生产台账，包括安全生产组织管理、安全生产设施、安全生产隐患、教育培训、经费使用等。采用图文并茂的台账形式，如实记录安全生产工作，工作留痕，经得住检查，重大问题隐患要建立销账制度。

2.11.1 安全生产组织管理台账

(1)文件化的安全生产方针、目标；

(2)年度安全生产工作计划、实施方案；

(3)主要负责人安全承诺书；

(4)各级、各类人员年度安全目标责任书；

(5)安全生产应急预案、演练方案；

(6)成立安全生产委员会、工作组的书面文件；

(7)安全生产工作部署、工作研究、专项安全生产活动总结；

(8)其他工作记录。

2.11.2 安全生产设施台账

(1)建(构)筑物台账：包括名称、位置、设计单位、施工单位、竣工日期、设计使用年限、占地面积、结构形式、防火等级等内容。

(2)重要生产设施设备台账：包括名称、规格型号、功能、生产管理及技术要求、材质、重量、生产厂家、出厂日期、安装日期、采购价格等内容。

(3)特种设备台账:包括设备名称、安装部署位置、制造单位、出厂编号、检修维修信息、注册登记信息、定期检验检测报告、定检日期、复查日期等内容。

(4)安全设施台账:包括种类、名称、位置、数量、责任人、有效期等内容。

(5)个体防护用品台账:包括种类、名称、储存位置或者领用记录、有效日期、更新情况、责任人等内容。

(6)安全警示标识台账:包括标识类别、标识名称、单位、设置地点、设置时间、数量、维护责任人等内容。

(7)供应商、承包商档案:包括资格审查记录、表现评价、续用评价等。

2.11.3　安全生产隐患台账

(1)安全检查台账:包括检查时间、检查形式、检查对象、参加人员、发现问题及处理情况等内容。

(2)隐患整改台账:包括隐患名称、发现日期、原因分析、整改措施、计划完成日期、整改负责人、销账情况等内容。

(3)安全生产事故台账:包括事故时间、事故类别、伤亡人数、损失大小、事故经过、救援过程、事故总结材料等内容。

2.11.4　教育培训台账

(1)特种作业人员台账:包括职工基本信息、入职时间、入职部门、工种、专业工龄、培训单位、考核成绩、取证时间、复审时间、发证编号等内容。

(2)新进职工安全教育台账:包括职工基本信息、入职时间、入职部门、培训内容、培训学时等。

(3)职工安全培训教育档案:要求一人一档,可做成员工安全培训登记表,包括姓名、身份、培训时间(开始时间、结束时间)、培训班名称、培训内容、举办单位、考核成绩等内容。

2.11.5　安全生产经费台账

安全生产费用使用台账:包括完善、改造和维护安全设备、设施,现场作业人员安全防护,安全检查与评价,隐患整改,安全技能培训,应急演练等发生的费用。

2.11.6　安全生产记录

安全生产活动的原始记录,包括安全会议记录、应急演练记录、隐患整改落实情况记录、安全设施专人管理(检查)记录、安全设施检修记录、安全警示标志标识检查维修记录、安全生产规章制度修订记录、安全责任考核记录、安全培训教育记录，以及各级综合检查、专业检查、季节性检查、节假日检查、突击检查、日常检查的记录等（可以参考党建工作的做法，统一印制记录本）。

2.12 安全生产管理信息化

依托气象政务管理信息系统，建设安全生产管理系统，功能模块包括安全生产管理（安全检查计划、安全生产检查）、安全生产总结报告、突发安全事故（突发事故报告、零报告设置、零报告报送）、风险隐患管理（风险隐患登记、观测站隐患上报、观测站隐患查询）、安全生产设备管理、安全生产队伍管理、安全生产监管对象、安全生产活动宣传（模板管理、填报管理、查询统计）、安全生产规章制度（部门规章、法律法规、相关文件）、授权管理、基础数据库（数据字典）等，有效提升安全生产工作信息化水平。

2.12.1 安全生产管理

2.12.1.1 安全检查计划

实现中国气象局（国家级）制定安全检查计划，下发后会在【安全生产检查】模块生成检查信息，检查计划开始前提醒中国气象局管理员进行安全检查功能。

2.12.1.2 安全生产检查

实现对各单位的安全生产检查功能，受检单位对国家级下发的检查计划进行安全生产检查后上报国家级，国家级对上报的安全生产检查信息进行隐患抽查，隐患抽查后下发受检单位，受检单位整改后上报国家级。

2.12.2 安全生产总结报告

实现对安全生产总结报告的上报及查询功能。

2.12.3 突发安全事故

2.12.3.1 突发事故报告

实现对突发安全事故内容信息进行登记，并且和突发安全事件系统对接，在突发安全事件系统中，突发事件报告流程结束后，初报和终报数据会推送至此模块。

2.12.3.2 零报告设置

实现中国气象局管理人员对重大活动保障期间安全生产事故零报告报送时间、频次的设置及统计功能。

2.12.3.3 零报告报送

实现各级气象局对重大活动保障期间安全生产事故零报告的报送功能。

2.12.4　风险隐患管理

2.12.4.1　风险隐患登记

实现各级气象局对安全生产中的风险隐患区域进行登记和防范隐患。

2.12.4.2　观测站隐患上报

同步数据中心观测站点信息，对观测站点隐患信息进行登记和审批。

2.12.4.3　观测站隐患查询

以地图形式展示观测站点位置及站点隐患信息。

2.12.5　安全生产设备管理

实现对安防设施工作状态的信息化管理，主要包括设施清单和工作状态提醒。

2.12.6　安全生产队伍管理

实现安全管理队伍、安全检查组、安全责任人等队伍信息的管理。

2.12.7　安全生产监管对象

建设安全生产监管对象数据库，主要包括雷电防护装置检测资质单位、防雷安全重点单位、人工影响天气作业单位、升放气球资质单位的管理。

2.12.8　安全生产活动宣传

2.12.8.1　模板管理

制定安全生产活动统计模板，填写各统计项并选择单位和填报时间后点击下发。

2.12.8.2　填报管理

接收上级单位下发的统计模板，填写对应的统计项后上报给上级单位。

2.12.8.3　查询统计

查看和导出各单位上报的统计信息。

2.12.9　安全生产规章制度

2.12.9.1　部门规章

获取中国气象局政府信息公开中的部门规章数据，并可以查看详细内容。

2.12.9.2　法律法规

获取中国气象局政府信息公开中的法律法规数据，并可以查看详细内容。

2.12.9.3　相关文件

同步气政通（气象政务管理信息系统）制度区的制度性文件数据，并可以查看详细内容。

2.12.10 授权管理

国省市县分级授权，即中国气象局管理员→省气象局管理员→市气象局管理员→县气象局管理员，各级管理员可授权本单位范围内的其他业务角色。

2.12.11 基础数据库(数据字典)

安全生产系统运行的基础配置，可通过配置数据字典项来满足不断变化的业务需要。

2.13 监督问责

进一步完善安全生产责任体系，推动安全生产责任追究以事故查处为重点向以风险防控为重点转变、从事后问责向事前问责转变，促进安全生产责任落实，更加有效防范和控制生产安全事故的发生，根据《中华人民共和国安全生产法》和相关监督问责规定，结合气象部门实际，开展安全生产监督问责。

2.13.1 总体要求

牢固树立安全生产红线意识和底线思维，严格落实"党政同责、一岗双责、失职追责"要求，探索实行安全生产"黄牌警告"等问责措施，切实增强各级气象部门抓好安全生产工作的责任感和使命感，努力推动气象部门安全生产形势持续稳定向好。

2.13.2 适用对象和标准

适用于中国气象局对各省(区、市)气象局、直属单位、内设机构安全生产工作的问责。对工作中涉及的失职渎职等违法犯罪行为，同时依照相关法律法规和规定，追究有关责任。

出现下列情形之一的给予"黄牌警告"：

(1)在省级以上(含，下同)安全生产督查、检查中被发现或经举报被查实存在严重安全生产违法行为、重大隐患等问题的；

(2)发生死亡1人以上或重伤3人以上生产安全责任事故，因事故(险情)造成其他较大社会影响的；

(3)对省级以上政府安委会挂牌督办的重大隐患逾期不整改或者未整改到位的(因不可抗力的除外)；

(4)拒不执行安全生产监察指令的；

(5)不落实生产安全事故责任追究意见的；

(6)谎报、瞒报生产安全事故的；

(7)其他应给予“黄牌警告”的。

2.13.3 问责方式和实施程序

安全生产工作问责，由中国气象局安全生产管理部门会同相关部门组织实施。

对单位的“黄牌警告”，由中国气象局安全生产管理部门研究确定，下达“黄牌警告”通知，并报中国气象局备案。

对被“黄牌警告”的单位采取以下问责措施：

(1)由中国气象局安全生产委员会办公室，按照《中国气象局安全稳定工作约谈函询办法》，约谈其单位主要负责人；

(2)取消安全生产评先树优资格；

(3)由中国气象局安委会予以通报；

(4)对其安全生产违法行为一律依法从重处罚；

(5)按照相关问责处罚规定，由有关部门对主要负责人和负直接领导责任的分管负责人进行问责处罚；

(6)涉及安全生产领域违规违纪相关问题，按照有关规定，移交中国气象局纪检部门依规依纪处理。

2.13.4 责任追究时限

“黄牌警告”的时限一般为1年，自作出决定之日起实行。到期后完成整改的，由原“黄牌警告”决定单位下达解除“黄牌警告”通知。“黄牌警告”期间再出现应“黄牌警告”的情况，则期限延长1年。

第 3 章　气象部门安全生产“十问”工作法

3.1　“十问”工作法的提出

安全生产管理是一项体系性很强的工作，至少包含组织体系、制度体系、责任体系、风险管控和隐患排查治理体系、应急体系、文化体系、教育体系、监督体系等。中国气象局结合部门工作实际，在 2023 年 11 月 30 日召开的全国气象部门安全生产电视电话会议上提出，要以“十问”工作法，重点抓好领导责任、监管责任、主体责任和防灾减灾，抓实抓牢气象部门安全生产工作。12 月 2 日，中国气象局党组书记、局长，局安委会主任陈振林同志在中国气象局园区安全生产工作会议上，对“十问”内容进行了强调，并提出各单位要结合“十问”工作法再组织安全隐患检查。

2024 年 2 月 7 日，中国气象局召开全国气象部门安全生产电视电话会议暨治本攻坚三年行动动员会上，陈振林局长要求各单位要落实好安全生产“十问”工作法，层层压实责任。2 月 7 日，中国气象局安全生产委员会印发《气象部门 2024 年安全生产工作要点》，提出认真落实安全生产“十问”工作法，进一步完善全员安全生产责任制，加强重点领域安全管理，扎实开展治本攻坚三年行动，切实提高风险隐患排查整改质量、切实提升发现问题和解决问题的强烈意愿和能力水平，全力防范、坚决遏制重特大事故，确保全国气象部门安全生产形势持续稳定。“十问”工作法成为气象部门安全生产重要抓手。山西、吉林、贵州等省气象局率先制定了落实安全生产“十问”工作法实施细则。

3.2　“十问”工作法的内容

“十问”主要包括以下四个方面十项重点工作。

第一方面，关于领导责任。

对于领导责任，习近平总书记多次提出安全生产党政一把手要有常常放心不下的责任感，必须亲力亲为、靠前协调，亲自动手抓，其他负责同志要认真履行各自岗位的安全职责，层层落实到基层一线，坚决反对形式主义、官僚主义。

2018 年 4 月，中共中央办公厅、国务院办公厅印发《地方党政领导干部安全生产责任制规定》(以下简称《规定》)，对县级以上地方各级党委和政府领导班子成员的安全责任作出了规定。明确提出“实行地方党政领导干部安全生产责任制，应当坚持党政同责、一岗双责、齐抓共管、失职追责，坚持管行业必须管安全，管业务必须管安全，管生产必须管安全。地方各级党委和政府主要负责人是本地区安全生产第一责任人，班子其他成员对分管范围内的安全生产工作负领导责任”。

《规定》提出各级党委机关、政府工作部门及相关机构领导，参照本规定执行。毫无疑问，各级气象部门也要照此规定执行。

《安全生产法》也明确了生产经营单位主要负责人的七项职责：

(1)建立健全并落实本单位全员安全生产责任制，加强安全生产标准化建设；

(2)组织制定并实施本单位安全生产规章制度和操作规程；

(3)组织制定并实施本单位安全生产教育和培训计划；

(4)保证本单位安全生产投入的有效实施；

(5)组织建立并落实安全风险分级管控和隐患排查治理双重预防工作机制，督促、检查本单位的安全生产工作，及时消除生产安全事故隐患；

(6)组织制定并实施本单位的生产安全事故应急救援预案；

(7)及时、如实报告生产安全事故。

事业单位涉及的安全生产工作，也要按照《安全生产法》执行，落实主要负责人相应责任。

因此，领导承担安全生产责任既是政治要求，也是法定职责。

第一问：是否及时主持召开党组(党委)会、专题会等学习习近平总书记关于安全生产重要论述和重要指示精神，吃透精神实质和工作要求，真正从思想上重视起来，认识到位，入脑入心？

这是要求各级领导，特别是主要负责人要及时组织学习习近平总书记关于安全生产重要论述和重要指示精神，及时学习传达党中央、国务院对安全生产工作的决策部署，学习领会中国气象局和地方党委政府对安全生产工作的安排等。

党的十八大以来，习近平总书记站在党和国家发展全局的战略高度，先后作出一系列重要论述，仅 2023 年，习近平总书记先后 30 多次就安全生产工作作出重要批示，为我们指明了努力方向，提供了根本遵循。

气象部门各级领导干部要从讲政治高度，持续深入学习习近平总书记关于安全生产重要论述和重要指示批示精神，深刻领会“两个确立”的决定性意义，增强

“四个意识”、坚定“四个自信”、做到“两个维护”，不断提高政治判断力、政治领悟力、政治执行力，坚持“人民至上、生命至上”；统筹发展与安全，不断增强风险意识和责任意识，抓好安全生产工作。

学习形式包括由主要负责人主持召开党组（党委）会、党组（党委）理论学习中心组学习会、专题学习会等，目的是要深刻领会习近平总书记关于安全生产重要论述和重要指示精神，吃透精神实质，准确理解党中央、国务院的决策部署和工作要求，真正从思想上重视起来，认识到位，入脑入心，有效地做好贯彻落实。

第二问：是否召开会议研究部署工作？是否将安全生产工作纳入领导干部年终述职考核？

这是对领导抓安全生产工作部署和考核的要求。各级领导要通过召开安委会全体会议审议、安全会专题会议等方式听取安全生产工作汇报，了解安全生产工作情况，研究部署工作，协调解决存在问题等，包括审议工作计划、专项方案、工作总结、考核方案等。在对领导干部年终述职考核中，要求领导干部报告履行安全生产职责情况，通过将安全生产工作纳入领导干部年终述职考核以及综合考评等，推动各级领导干部更加重视安全生产工作。

第二方面，关于监督管理。

这是对各级安全生产管理部门提出的要求。

第三问：本单位的安全生产有关标准、规范、制度是否建立健全？工作是否有标准可依、有规范可依、有制度可依？

这一问，是要求抓好规章制度、工作标准的建立健全工作，这是管理工作的重要抓手，也是安全生产的“制防”关键一招，为安全生产提供制度保障。

从国家层面来说，安全生产有《中华人民共和国安全生产法》《中华人民共和国消防法》《中华人民共和国道路交通安全法》等法律、《生产安全事故报告和调查处理条例》《生产安全事故应急条例》《建设工程安全生产管理条例》等行政法规和《安全生产事故隐患排查治理暂行规定》等部门规章，以及一大批安全生产相关技术标准。2024 年 4 月 9 日，国务院安委办印发 51 个行业领域重大事故隐患判定标准，将中国气象局制定的《气象部门内部安全风险分级管控和隐患排查治理工作指南》列入其中，作为全国内部安全隐患排查整治工作参考标准。4 月 28 日，国务院安委会召开联络员会议，会议研究部署全国加快推进重大安全隐患判定标准体系建设和实施工作。

从气象部门来说，印发了中国气象局安委会及其办公室工作规则、中国气象局安全生产责任清单等制度规定，颁发了 70 多项人工影响天气作业、防雷和升放气球监管、涉氢涉气等安全管理技术规范、行业标准，将观测业务安全作为观测质量管理体系重要内容。印发了《气象部门安全生产工作指南》，对安全生产的组织管理、责任体系、目标考核、风险防控、检查排查、隐患治理、应急处置、能力建设、监督问责、宣传教育、台账管理等工作要求进行了明确，并对部门内部的消防安全、交通安全、施工安全、用电安全、用水安全、食堂安全、地下空间安全等重点提出了要求。2023 年印发的《气象部门内部安全风险分级管控和隐患排查治理工作指南》，列出了气象部门内部安全生产的组织管理、消防安全、交通安全、建(构)筑物安全、安全保卫、公共卫生、后勤水暖电气安全 7 个常见领域 101 个风险点的防范清单，分析了潜在风险和存在问题、风险等级以及隐患排查整治措施等。修订印发《人工影响天气安全生产风险隐患点排查规范》，落实分类分级预防和应急措施。2024 年正在制定《化学品仓库建设工程及其场所防雷安全隐患和重大事故隐患判定标准》。

各级气象部门、各单位的安全生产管理部门要遵守中国气象局以及属地党委政府的相关要求。

第四问：对本单位安全生产监管有没有进行实地调查、挂牌督办？督促检查标准、规范、制度有没有真正落实到位？各单位有没有落实“三管三必须”要求？是否聚焦气象服务保障、人工影响天气作业、防雷与升放气球、涉氢涉气业务和内部安全等重点领域，深入开展隐患排查？

工作部署后，重在抓落实。管理部门重点抓好责任是否落实到位，标准规范制度是否执行到位，各个领域安全隐患排查是否到位，问题隐患整改是否到位。气象部门已经形成了纵贯国省市县四级、横跨人工影响天气防雷涉氢及内部安全的“横到边、竖到底”的安全责任体系，落实了“三管三必须”要求，明确了责任清单；形成了各省自查、专业检查和综合指导的安全检查体系，组建了国家级人工影响天气安全检查队伍、防雷监管检查队伍和全国安全生产人才库队伍。坚持“长抓”“抓常”，深入开展安全隐患排查整治。

第五问：针对检查排查出来的问题，管理部门有没有定期开展督促整治回头看？整改效果怎么样？

安全生产是长期性、经常性的工作，是一个动态过程，这个隐患消除了，又可能产生另外一个隐患，或者老隐患又会反弹。因此，需要管理部门开展回头看，一看各责任单位隐患排查是否建立台账，二看隐患是否排查彻底，三看隐患是否反弹或出现新隐患，四看是否有长远措施。

第三方面，关于主体责任。

主要是问各责任主体单位工作实际效果。中国气象局党组提出落实“9119”工作法，即“九分调研，一分决策，一分部署，九分落实”，突出实物工作量，安全生产工作重在抓好落实，以实实在在的成效体现履行主体责任工作成果。

第六问:责任主体单位是否清楚本单位安全生产的重点部位、重点人群、高危行为、特种设备是哪些? 施工工地、地下空间、老旧房屋、办公室、机房、宿舍、老旧电线和安全出口、疏散通道、食堂、澡堂、会堂、涉氢涉气场地等特殊点位是否符合安全标准? 外来人员、外聘人员、访问学者和研究生、吸烟者、外宾等重点人群对安全防范意识如何? 对本单位的规定制度要求是否清楚? 装修施工、外包工程、电焊切割、电动车充电使用电气等高危行为隐患在哪里? 电梯、实验室等特种设备、化学药剂是否按规定严格管理?

这一问主要是针对抓好内部安全问题。气象部门是中央垂直管理系统,点多、面广、线长,人员队伍庞大,设备设施复杂,从安全生产管理角度,根据气象部门特点,将其分为重点部位、重点人群、高危行为、特种设备。这些地方安全风险高,容易出现安全事故,也是常常让人放心不下的地方。从近几年全国发生的重特大安全事故情况看,北京长峰医院火灾是小施工引发的大事故,银川燃气爆炸是餐馆人员麻痹大意误操作引发的大事故。气象部门也有发生过一些涉及重点部位、重点人群、高危行为、特种设备的安全事故、事件,如氢气爆炸、人工影响天气作业、建筑施工作业、交通事故、铁塔施工等致人伤亡,近年来也发生过电线老化、吸烟不慎、施工不慎等造成火情。隐患就在身边,事故就在眼前,务必高度重视。

重点部位,包括施工工地、地下空间、老旧房屋、办公室、机房、宿舍、老旧电线和安全出口、疏散通道、食堂、澡堂、会堂、涉氢涉气场地等,这些都是容易发生安全事故的场所,都有技术标准和安全要求。比如建设部门对施工工程、地下空间、房屋安全都有技术标准,消防部门对办公场所、机房、宿舍、食堂、澡堂会堂、安全出口、疏散通道都有消防标准,应急部门、公安部门对氢气安全也有技术标准,中国气象局对业务制氢用氢也有技术标准,对安全管理提出明确要求。大家要了解清楚,执行好。

重点人群,包括外来人员、外聘人员、访问学者和研究生、吸烟者、外宾等,这些人的防范意识、安全行为至关重要,包括他们对本单位安全规定制度是否清楚,是否自觉遵守,是否熟悉逃生通道,是否有人监督他们的安全行为。

高危行为,包括装修施工、外包工程、电焊切割、电动车充电使用电气等,这些是容易引发火灾的行为。

特种设备,包括电梯、实验室、化学药剂(大气化学实验室的易制爆危化品),是否按规定严格管理。

这一问,主要是问责任单位是否列出本单位的重点部位、重点人群、高危行为、特种设备的安全隐患清单,对安全状态是否心中有数。

第七问:对重点部位、重点人群、高危行为、特种设备隐患排查是否全覆盖? 是

否真正查找出问题？是否进行有效整改？一时难以整改到位的是否有特别的防范措施？是否有严格的“人防”“技防”“制防”措施？“人防”就是要有专人进行巡逻，第一时间发现事故的征兆苗头，及时有效处置，这是安全生产的最后一道防线；“技防”就是监控设备、烟感喷淋、电气自动报警系统、消防设施等防范设备，确保消防通道畅通；“制防”就是确保相关制度完备并管用，明确严格执行室内禁烟，禁止在办公室使用大功率电器，明确禁止电动自行车或电动自行车电池带到楼内充电。

这是对主体责任单位隐患排查整改提出了要求，要按照《气象部门内部安全风险分级管控和隐患排查治理工作指南》和其他相关要求进行隐患排查和整治，加强“人防”“技防”“制防”相结合，做好安全防范工作。这是落实安全生产工作部署、落实技术规范、落实安全责任的核心环节。

第八问：是否组织制定安全应急预案？是否组织开展全员安全应急演练和培训，提高干部职工逃生自救等技能？

这一问是安全保障和兜底工作，2024 年安全生产月主题是“人人讲安全，个个会应急——畅通生命通道”，通过培训提高大家安全意识，明白安全要求，提高安全素养；通过演练增强大家应急逃生技能，遇事不慌张，做到绝处逢生。

第四方面，关于防灾减灾。

这是气象部门履行政府安委会成员单位职责的工作任务。主要是问安全生产气象服务保障工作是否做到位，这是气象部门主责主业。

第九问：各级气象部门是否建立面向各级党委政府和应急管理等部门有关负责人的高级别气象灾害预警“叫应”机制？

各级气象部门要推进气象灾害多部门风险研判和综合调度，健全高级别气象灾害预警“叫应”机制，提高“叫应”自动化、智能化水平。全面实施递进式气象服务导则。提高气象预报及灾害预警信息公众覆盖率，增强全社会气象灾害防御能力。加强与自然资源、水利、应急管理、林草、农业农村等部门会商联动，联合发布气象风险预警，推动形成防灾减灾合力。

第十问：是否积极应对多种重大灾害性天气对经济运行影响？做好恶劣天气高影响路段气象风险、物流保通、能源保供等气象预报预警服务？

各级气象部门要加强行业安全气象服务保障。与公安、交通运输部门联合推进恶劣天气高影响路段优化提升工作，做好浓雾和道路结冰监测预警服务。强化川藏铁路建设气象服务保障。加强与国家发展改革委、国家能源局等部门会商研判，做好迎峰度夏(冬)能源保供、煤电油气运、重要输电通道等气象服务。与海事、海上搜救、渔政等部门开展合作，做好近海港航、海上搜救、渔业安全等专项气象服务保障。抓好生产安全事故应急救援气象服务保障。

第 4 章　防雷与升放气球安全管理

4.1　行政审批

4.1.1　雷电防护装置检测资质认定要求

省、自治区、直辖市气象主管机构受理后，可以根据工作需要指派两名以上工作人员到申请单位进行现场核查；应当委托雷电防护装置检测资质评审委员会评审，并对评审结果进行审查；应当建立雷电防护装置检测资质评审专家库，报国务院气象主管机构备案，雷电防护装置检测资质评审委员会的委员应当从雷电防护装置检测资质评审专家库中随机抽取确定，并报国务院气象主管机构备案；应当自受理行政许可申请之日起二十个工作日内作出认定，专家评审所需时间不计入许可审查时限，但应当在作出受理决定时书面告知申请单位。通过认定的，认定机构颁发《雷电防护装置检测资质证》，并在作出认定后三十个工作日内报国务院气象主管机构备案。未通过认定的，认定机构在十个工作日内书面告知申请单位，并说明理由。

4.1.2　雷电防护装置设计审核和竣工验收要求

4.1.2.1　雷电防护装置设计审核要求

气象主管机构应当在收到全部申请材料之日起五个工作日内，作出受理或者不予受理的书面决定。申请材料齐全且符合法定形式的，应当受理，并出具《雷电防护装置设计审核受理回执》。对不予受理的，应当书面说明理由。申请材料不齐全或者不符合法定形式的，气象主管机构应当当场或者在收到申请材料之日起五个工作日内一次告知申请单位需要补正的全部内容，并出具《雷电防护装置设计审核资料补正通知》。逾期不告知的，自收到申请材料之日起即视为受理。气象主管机构受理后，应当委托有关机构开展雷电防护装置设计技术评价。雷电防护装置设计审核内容包括申请材料的合法性和雷电防护装置设计技术评价报告。气象主管机构应当在受理之日起十个工作日内完成审核工作。雷电防护装置设计文件经审核符合要求的,气象主管机构应当颁发《雷电防护装置设计核准意见书》。雷电防护装置设计经审核不符合要求的,气象主管机构出具《不予许可决定书》。

4.1.2.2 雷电防护装置竣工验收要求

气象主管机构应当在收到全部申请材料之日起五个工作日内,作出受理或者不予受理的书面决定。申请材料齐全且符合法定形式的,应当受理,并出具《雷电防护装置竣工验收受理回执》。对不予受理的,应当书面说明理由。申请材料不齐全或者不符合法定形式的,气象主管机构应当当场或者在收到申请材料之日起五个工作日内一次告知申请单位需要补正的全部内容,并出具《雷电防护装置竣工验收资料补正通知》。逾期不告知的,自收到申请材料之日起即视为受理。气象主管机构受理后,应当委托取得雷电防护装置检测资质的单位开展雷电防护装置检测。雷电防护装置竣工验收内容包括申请材料的合法性和雷电防护装置检测报告。

气象主管机构应当在受理之日起十个工作日内作出竣工验收结论。雷电防护装置经验收符合要求的,气象主管机构应当出具《雷电防护装置验收意见书》。雷电防护装置验收不符合要求的,气象主管机构应当出具《不予验收决定书》。

4.1.3 升放无人驾驶自由气球、系留气球单位资质认定要求

认定机构受理申请后,应当根据需要,指派两名以上工作人员进行现场核查。申请单位的申请符合法定条件的,认定机构应当自受理申请之日起二十日内作出行政许可决定,自决定之日起十日内向申请单位颁发加盖认定机构印章的《升放气球资质证》。二十日内不能作出决定的,经本级气象主管机构负责人批准,可以延长十日,并将延长期限的理由告知申请人。认定机构依法作出不予行政许可的书面决定的,应当说明理由,并告知申请单位依法享有申请行政复议或者提起行政诉讼的权利。认定机构应当对年度报告内容进行抽查,并公开抽查结果。认定机构应当根据该单位的申请、年度报告及信用管理等有关情况,在有效期届满前作出是否准予延续的决定。

4.1.4 升放无人驾驶自由气球或系留气球活动审批要求

受理申请的许可机构应当按照职责,对申请单位的资质、升放环境、升放期间的气象条件等条件进行审查。符合规定条件的,许可机构应当自受理申请之日起两日内作出书面行政许可决定。许可机构依法作出不予行政许可的书面决定,应当说明理由,并告知申请单位依法享有申请行政复议或者提起行政诉讼的权利。

4.2 监督管理

4.2.1 对雷电防护装置检测资质单位监管要求

省、自治区、直辖市气象主管机构应当组织或委托第三方专业技术机构对雷电防护装置检测资质单位的检测质量进行考核。县级以上地方气象主管机构对本行政区域内的雷电防护装置检测活动进行监督检查，可以采取下列措施：

(1)要求被检查的单位或者个人提供有关文件和资料，进行查询或者复制；

(2)就有关事项询问被检查的单位或者个人，要求作出说明；

(3)进入有关雷电防护装置检测现场进行监督检查。

气象主管机构进行监督检查时，有关单位和个人应当予以配合。

取得雷电防护装置检测资质的单位达不到雷电防护装置检测资质条件的，由原资质认定的气象主管机构责令限期整改，整改后仍达不到资质条件的，予以降低等级或撤销资质。

省、自治区、直辖市气象主管机构应当对本行政区域内取得雷电防护装置检测资质的单位建立信用管理制度，将雷电防护装置检测活动和监督管理等信息纳入信用档案，并作为资质延续、升级的依据。

雷电防护装置检测单位有下列情形之一的，县级以上气象主管机构视情节轻重，责令限期整改，拒不整改，情节严重的，依法追究法律责任：

(1)雷电防护装置检测标准适用错误的；

(2)雷电防护装置检测方法不正确的；

(3)雷电防护装置检测内容不全面、达不到相关技术要求或不足以支持防雷装置检测结论的；

(4)雷电防护装置检测结论不明确、不全面或错误的。

国务院气象主管机构应当建立全国雷电防护装置检测资质单位信用信息、资质等级情况公示制度。省、自治区、直辖市气象主管机构应当在本行政区域内对雷电防护装置检测单位的监督管理、信用信息等情况及时予以公布。

4.2.2 对防雷安全重点单位监管要求

压实防雷安全重点单位安全主体责任。明确和落实防雷安全重点单位的安全首负责任制，要建立健全企业法定代表人、实际控制人、实际负责人同为安全第一责任人的安全责任制，明确要求和督促各生产经营单位严格按照要求，建立完善内控和风险防范机制，落实专人负责，强化员工安全教育，加强内部安全检查。

开展重大安全风险全面摸排，切实摸清重大安全风险底数，逐一建档立账分级分类精准治理，及时消除安全隐患。对于隐患最大、问题最紧迫的风险，要采取更有力措施确保隐患问题整改到位，对隐患和风险做到“零”容忍，坚决防止风险隐患演变为重特大事故。

强化监管执法。健全安全监管制度标准，建立防雷安全风险防控和隐患排查整治双重预防机制，为实施防雷安全重点单位的差异化、精准化监管提供技术支撑。

4.2.3　对升放无人驾驶自由气球、系留气球资质单位监管要求

省、自治区、直辖市气象主管机构应当对本行政区域内取得升放气球资质的单位建立信用管理制度，县级以上地方气象主管机构将升放气球活动和监督管理等信息纳入信用档案。县级以上气象主管机构可以对升放气球场所进行实地检查。检查时，检查人员可以查阅或者要求被检查单位报送有关材料。

县级以上气象主管机构应当对下列内容进行监督检查：

(1)升放气球单位是否具有资质证；

(2)升放气球单位是否按照规定程序进行申报并获得批准；

(3)升放气球的时间、地点、种类和数量等是否与所批准的内容相符合；

(4)升放气球单位和作业人员、技术人员是否遵守有关技术规范、标准和规程；

(5)升放现场是否有专人值守；

(6)气球的升放是否符合有关安全要求。

4.2.4　部署安排重大活动和节日前夕防雷与升放气球安全监管

层层压紧压实各级气象部门的安全监管责任和各相关企事业单位的主体责任，全面组织落实防雷与升放气球安全监管“十条举措”，持续落实好升放气球安全“七个严禁”，有效防范化解重大安全风险，坚决遏制重特大事故，牢牢守住安全红线底线，全力营造安全稳定环境。特别是北京及其周边相关省(区、市)气象局要针对升放气球安全监管工作作出专项部署和安排。

针对重大活动和节日前夕人员流动大、群众聚集活动多、烟花爆竹燃放多等情况，围绕重大活动和重要节点的工作要求，按照属地原则，紧盯不放心场所、重要部位和关键环节，认真组织开展防雷与升放气球风险隐患排查，拉清单、明底数、定责任，指导督促限时整改安全隐患和问题，全面落实各项安全防范措施。特别是要对烟花爆竹等易燃易爆建设工程和场所加大隐患排查力度。要对升放气球资质单位在危险气体运输、存放、使用以及升放气球操作、值守等关键环节可能存在的隐患和问题进行重点排查。

各级气象部门要通过“双随机、一公开”、部门协同等各种有效方式强化事中事

后监管，积极主动与应急管理、市场监管、城市综合执法等部门开展联合执法检查和惩戒，持续提升安全监管的效率和效果，形成闭环管理模式。春节期间，对于升放气球活动的审批，要充分考虑燃放烟花爆竹和人员密集活动增多等多重风险的叠加，严格审查申请单位的资质、升放环境、升放期间的气象条件及其他安全条件等，不符合安全要求的一律不得批准。全国“两会”期间，相关区域的气象部门要积极配合地方政府及有关部门对升放气球活动进行管控，要持续完善违禁升放气球及升放气球意外事故应急处置预案，并强化对重点地区的安全检查和巡查。

4.2.5 开展对省、市、县气象局防雷与升放气球工作的监督检查

对省气象局主要针对雷电防护装置检测资质认定工作进行督查，检查审批材料等。对市、县气象局主要督查监管责任是否压实，是否对防雷安全重点单位监管到位等。

第5章 人工影响天气作业安全

人工影响天气是气象服务经济社会高质量发展的重要工作内容，在服务乡村振兴、防灾减灾救灾、生态文明建设以及重大活动保障中发挥着重要作用，得到党中央、国务院的高度重视。在国家发展改革委、财政部支持下，实施国家级和东北、西北、中部、华北、西南区域人工影响天气建设项目，人工影响天气基础业务能力大幅提升。形成了天一空一地协同人工影响天气作业力量，目前共有地面作业人员约4万人。

各级地方政府逐步将人工影响天气安全列入安全生产管理考核体系，15个省(区、市)气象、公安和应急部门开展联合安全检查。中国气象局组织各省(区、市)气象局对人工影响天气全部作业点进行安全等级评定，全国作业站点中，一级、二级较高安全等级站点的占比从2016年的78%提升到目前的89%，常态化开展基层自查、省级检查、国家级督查。提升人工影响天气作业装备弹药安全性能，瞎火率由3%降低到1‰，安全风险大幅降低。

建成人工影响天气弹药物联网，弹药仓库物联网覆盖率从55%提升到85%以上。工业和信息化、公安、粮食和储备、国防科工等相关部门通力合作，加强人工影响天气装备弹药的生产、运输、存储、使用等各环节安全监管。民航部门、气象部门共同推进联合监管和标准规范制定，排查整治人工影响天气作业飞机安全隐患。

5.1 安全管理职责划分

5.1.1 地方党委政府职责

(1)领导和协调

《气象法》第三十条规定："县级以上人民政府应当加强对人工影响天气工作的领导，并根据实际情况，有组织、有计划地开展人工影响天气工作。"

《人工影响天气管理条例》第四条规定："人工影响天气工作按照作业规模和影响范围，在作业地县级以上地方人民政府的领导和协调下，由气象主管机构组织实施和指导管理。"

《国务院办公厅关于推进人工影响天气工作高质量发展的意见》(国办发〔2020〕47 号，以下称国办发〔2020〕47 号文件)要求："地方各级人民政府要加强对本地区人工影响天气工作的领导和协调。将其纳入当地经济社会发展规划统筹考虑，健全管理体制和运行机制，稳定人员队伍，提升队伍素质。"

(2)安全监管

《安全生产法》第九条规定："国务院和县级以上地方各级人民政府应当加强对安全生产工作的领导，建立健全安全生产工作协调机制，支持、督促各有关部门依法履行安全生产监督管理职责，及时协调、解决安全生产监督管理中存在的重大问题。乡镇人民政府和街道办事处，以及开发区、工业园区、港区、风景区等应当明确负责安全生产监督管理的有关工作机构及其职责，加强安全生产监管力量建设，按照职责对本行政区域或者管理区域内生产经营单位安全生产状况进行监督检查，协助人民政府有关部门或者按照授权依法履行安全生产监督管理职责。"

国办发〔2020〕47 号文件要求："严格落实《地方党政领导干部安全生产责任制规定》，健全安全投入保障制度，强化风险分级管控和隐患排查治理，确保人工影响天气工作安全责任措施落实落地。"

(3)事故处置

《安全生产法》第八十条规定："县级以上地方各级人民政府应当组织有关部门制定本行政区域内生产安全事故应急救援预案，建立应急救援体系。"

国办发〔2020〕47 号文件要求："制定安全事故处置应急预案，加强应急演练，依法组织开展应急救援和调查处理工作。"

5.1.2 气象主管机构职责

(1)管理、指导和组织实施

《气象法》第三十条规定："国务院气象主管机构应当加强对全国人工影响天气工作的管理和指导。地方各级气象主管机构应当制定人工影响天气作业方案，并在本级人民政府的领导和协调下，管理、指导和组织实施人工影响天气作业。"

《人工影响天气管理条例》第四条规定："人工影响天气工作按照作业规模和影响范围，在作业地县级以上地方人民政府的领导和协调下，由气象主管机构组织实施和指导管理。"

(2)安全监管

《中共中央 国务院关于推进安全生产领域改革发展的意见》要求:"负有安全生产监督管理职责的有关部门依法依规履行相关行业领域安全生产和职业健康监管职责,强化监管执法,严厉查处违法违规行为。"

《安全生产法》第六十三条规定:"负有安全生产监督管理职责的部门依照有关法律、法规的规定,对涉及安全生产的事项需要审查批准(包括批准、核准、许可、注册、认证、颁发证照等)或者验收的,必须严格依照有关法律、法规和国家标准或者行业标准规定的安全生产条件和程序进行审查;不符合有关法律、法规和国家标准或者行业标准规定的安全生产条件的,不得批准或者验收通过。"

《安全生产法》第七十条规定:"负有安全生产监督管理职责的部门依法对存在重大事故隐患的生产经营单位作出停产停业、停止施工、停止使用相关设施或者设备的决定,生产经营单位应当依法执行,及时消除事故隐患。……通知应当采用书面形式,有关单位应当予以配合。"

《国务院办公厅关于进一步加强人工影响天气工作的意见》(国办发〔2012〕44号,以下称国办发〔2012〕44号文件)要求:"加快建立责任明确、操作规范、制度严格、措施到位的安全生产监督管理体系。加强空域申请、弹药储运、转场交通、作业人员安全等重点环节的管理与监督检查,杜绝发生责任事故。强化装备、弹药质量检测,健全气象、军队、公安等紧密协作的管理机制,依法落实购销、储运等管理制度。加强作业人员安全知识培训,为作业人员提供安全保险。完善安全事故应急处置预案,加强应急演练,提高事故应急处置能力。"

国办发〔2020〕47号文件要求:"健全部门紧密协作的联合监管机制,加强作业装备、弹药的生产、购销、运输、存储、使用等安全管理,依法加强对作业人员的备案和培训,落实空域申请、作业安全保卫、作业站点巡查等工作制度,切实消除安全隐患。"

(3)安全检查

《人工影响天气管理条例》第十五条规定:"实施人工影响天气作业使用的火箭发射装置、炮弹、火箭弹,由国务院气象主管机构和有关部门共同指定的企业按照国家有关强制性技术标准和要求组织生产。"

《人工影响天气安全管理规定》(气发〔2017〕80号)第三条要求:"各省、自治区、直辖市气象主管机构应当制定从事人工影响天气作业单位的条件,并定期对作业单位进行检查。对未通过检查的作业单位,应停止其开展作业。"

(4)标准规范

《中共中央 国务院关于推进安全生产领域改革发展的意见》要求:"其他行业

领域主管部门负有安全生产管理责任，要将安全生产工作作为行业领域管理的重要内容，从行业规划、产业政策、法规标准、行政许可等方面加强行业安全生产工作，指导督促企事业单位加强安全管理。”

《安全生产法》第十一条第一款规定：“国务院有关部门应当按照保障安全生产的要求，依法及时制定有关的国家标准或者行业标准，并根据科技进步和经济发展适时修订。”

国办发〔2012〕44 号文件要求：“推进国家人工影响天气管理法规的修订工作，各地区、各有关部门要完善配套的法规规章。加快人工影响天气标准化体系建设，明确作业装备、设施准入条件，完善作业规范和操作规程。建立人工影响天气行政执法监督检查机制。”

5.1.3 有关部门职责

《气象法》第三十条规定：“有关部门应当按照职责分工，配合气象主管机构做好人工影响天气的有关工作。”

《安全生产法》第十条规定：“国务院交通运输、住房和城乡建设、水利、民航等有关部门依照本法和其他有关法律、行政法规的规定，在各自的职责范围内对有关行业、领域的安全生产工作实施监督管理；县级以上地方各级人民政府有关部门依照本法和其他有关法律、行政法规的规定，在各自的职责范围内对有关行业、领域的安全生产工作实施监督管理。……应急管理部门和对有关行业、领域的安全生产工作实施监督管理的部门，统称负有安全生产监督管理职责的部门。”

《民用爆炸物品安全管理条例》第四条规定：“民用爆炸物品行业主管部门负责民用爆炸物品生产、销售的安全监督管理。公安机关负责民用爆炸物品公共安全管理和民用爆炸物品购买、运输、爆破作业的安全监督管理，监控民用爆炸物品流向。安全生产监督、铁路、交通、民用航空主管部门依照法律、行政法规的规定，负责做好民用爆炸物品的有关安全监督管理工作。民用爆炸物品行业主管部门、公安机关、工商行政管理部门按照职责分工，负责组织查处非法生产、销售、购买、储存、运输、邮寄、使用民用爆炸物品的行为。”

《国家人工影响天气协调会议制度工作规则》规定，工业和信息化部负责全国人工影响天气作业所涉及的炮弹、火箭弹的生产销售安全监督管理。公安部负责全国人工影响天气作业所涉及的民用爆炸物品的运输安全监督管理。应急管理部负责全国人工影响天气作业涉及安全生产的协调指导和生产安全事故调查处理有关工作。

国办发〔2012〕44 号文件要求：“科技、公安、安全生产监管、国防科工、民航等部门和单位以及军队有关部门要依据各自职责，加强监管、协调和服务，形成加快人工影响天气工作发展的合力。”

5.1.4 相关企业和组织职责

包括飞机托管、改装，地面装备弹药生产、运输、存储等服务供应商安全生产主体责任。

(1)飞机托管、改装企业

《国家人工影响天气作业飞机业务运行管理办法(试行)》(气办发〔2019〕20号)第十条规定：“国家人工影响天气作业飞机托管航空企业按照民航有关法规履行托管合同规定的权利和义务，做好合同约定的飞机适航责任并落实安全生产主体责任以及国有资产的托管责任。”

《人工影响天气飞机改装业务规范(试行)》(气发〔2023〕19号)第七条规定：“改装单位是飞机改装质量的第一责任人。”

《人工影响天气飞机改装业务规范(试行)》(气发〔2023〕19号)第六章第二十条规定：“人工影响天气飞机改装应符合持续适航要求和运行要求。改装交付后，航空营运人应依据中国民用航空局审查批准或认可的改装有关资料制定持续适航文件，改装单位应配合航空营运人完成对持续适航文件的修订。改装单位应针对改装内容、适航要求及其运行限制等对飞机所有人、飞机使用人(用户)、航空营运人开展相关技术培训。”第二十一条规定：“航空营运人应按照相关法律法规和修订后的飞行手册开展飞机运行工作，并承担飞机适航和安全责任。”

(2)装备弹药生产企业

《民用爆炸物品安全管理条例》第十四条规定：“民用爆炸物品生产企业应当严格按照《民用爆炸物品生产许可证》核定的品种和产量进行生产，生产作业应当严格执行安全技术规程的规定。”

《民用爆炸物品安全管理条例》第九条规定：“国家鼓励民用爆炸物品从业单位采用提高民用爆炸物品安全性能的新技术，鼓励发展民用爆炸物品生产、配送、爆破作业一体化的经营模式。”

《民用爆炸物品安全管理条例》第十五条规定：“民用爆炸物品生产企业应当对民用爆炸物品做出警示标识、登记标识，对雷管编码打号。民用爆炸物品警示标识、登记标识和雷管编码规则，由国务院公安部门会同国务院民用爆炸物品行业主管部门规定。”

《民用爆炸物品安全管理条例》第十六条规定：“民用爆炸物品生产企业应当建立健全产品检验制度，保证民用爆炸物品的质量符合相关标准。民用爆炸物品的包装，应当符合法律、行政法规的规定以及相关标准。”

（3）实施人工影响天气作业组织

《气象法》第三十条规定：“实施人工影响天气作业的组织必须具备省、自治区、直辖市气象主管机构规定的条件，并使用符合国务院气象主管机构要求的技术标准的作业设备，遵守作业规范。”

5.2 飞机作业安全要求

5.2.1 通用技术要求

《人工影响天气作业飞机通用技术要求》（QX/T 505—2019）规定了人工影响天气作业飞机（不包含无人驾驶飞机）的分类、基本要求，高性能作业飞机和常规作业飞机的通用技术要求。该标准适用于人工影响天气作业飞机的选型、改装和使用。

5.2.2 机载焰剂型人工增雨催化作业装备技术要求

《螺旋桨式飞机机载焰剂型人工增雨催化作业装备技术要求》（QX/T 473—2019）规定了该类作业装备的设计、制造、验收及维修维护要求。

5.2.3 宏观记录规范

《飞机人工增雨（雪）作业宏观记录规范》（QX/T 421—2018）规定了飞机人工增雨（雪）作业宏观记录的内容和方式。该标准适用于飞机人工增雨（雪）作业、科学试验和大型活动人工影响天气服务中宏观记录的存档和管理。

5.2.4 作业流程

《飞机人工增雨（雪）作业流程》（QX/T 556—2020）规定了飞机人工增雨（雪）作业的计划制订、装备物资确定、业务协调、方案制订、实施及效果评估的流程。

5.2.5 安全规范

《飞机增雨作业安全规范》（MH/T 1075—2020）规定了飞机增雨作业的基本要求、预先准备、直接准备、作业实施、作业后处理及应急处置要求。该标准适用于使用民用航空器开展的飞机增雨作业飞行，其他人工影响天气作业飞行可参照该标准执行。

5.2.5.1 基本要求

（1）开展飞机增雨作业的企业（以下简称运营商）应符合 MH/T 1075—2020 第 4.1 条要求：取得现行有效的通用航空经营许可证，经营范围中包含人工增雨项目；取得现行有效的商业非运输运营人运行合格证和运行规范，运行种类中包含一般商业飞行；具备充分的赔偿责任承担能力，按规定投保地面第三人责任险等强制保险，宜投保航空器机身险、机上人员险等补充险种；制定飞机增雨作业运行手册，并按照实际情况对手册进行及时更新；与组织实施飞机增雨作业的单位签订有效的书面合同；按规定向民用航空主管部门报送飞机增雨作业信息及相关材料；在民用航空主管部门组织的通航企业安全保障财务考核中考核合格。

(2)作业机场应符合 MH/T 1075—2020 第 4.2 条要求：作业机场应包括一个起降机场和至少一个备降机场。作业机场的净空条件、跑道规格、飞行保障条件应满足作业飞机的运行要求。作业机场的油料、电源、氧气和氮气等供应满足作业任务的运行保障要求。起降机场应具备提供本场和航线气象信息，并对气象信息进行分析预测的能力。作业机场宜具备精密进近及夜航保障设备。

(3)作业飞机应符合 MH/T 1075—2020 第 4.3 条要求：作业飞机应取得民用航空主管部门颁发的三证（国籍登记证、适航证和机载无线电台执照）；租用外籍飞机开展作业时，三证应通过中国民用航空主管部门的认可。加装机载作业设备的飞机应取得中国民用航空主管部门颁发的补充型号合格证、改装设计批准书、补充型号认可证等适航证书。作业飞机应通过民用航空主管部门开展的年度适航性检查，处于适航状态。承担全年、大范围、跨区域作业的飞机宜为多发，且具有增压舱。作业飞机应具有一定的除（防）冰能力，易于改装，装备气象雷达。

(4)机载作业设备应符合 MH/T 1075—2020 第 4.4 条要求：催化剂播撒设备应通过国务院气象主管部门或其指定单位的验收。作业飞机应加装符合作业任务要求的空地通信系统和催化剂播撒设备。作业飞机宜配备大气探测设备和作业监控装置。使用中的机载作业设备应进行定期检测和维护。不应使用已达报废期限或安全检查不合格的机载作业设备。

(5)作业物料应符合 MH/T 1075—2020 第 4.5 条要求：具有易燃易爆特点的作业物料（如碘化银焰条和焰弹等）应通过国务院气象主管部门鉴定，并通过其指定单位的验收。应严格按照生产厂商提供的产品使用手册加装和使用作业物料。加装作业物料时，作业飞机禁止接通电源及加注油料。不应使用已过保质期或检验不合格的作业物料。作业物料应按照《人工影响天气用燃烧剂和致冷剂的存储技术条件》(GB/T 33679—2017)的要求进行储存。

(6)作业人员应符合 MH/T 1075—2020 第 4.6 条要求：开展飞机增雨作业的驾驶员应包括一名机长和一名副驾驶。驾驶员应取得民用航空主管部门颁发的现行有效的商用驾驶员执照和体检合格证。驾驶员应有适用于作业飞机的类别等级、级别等级、型别等级和仪表等级。实施夜间飞机增雨作业的驾驶员应具有夜间飞行资质。驾驶员每日飞行时间应不超过 10 h，任何 7 个连续日历日内飞行时间应不超过 40 h，每个日历月内的飞行时间应不超过 120 h。开展飞机增雨作业的机长应具有至少 500 h 飞行经历，通过增雨作业飞行培训与考核，并在作业飞机上担任机长至少 50 h，应具有复杂气象条件下的飞行经验。

机上作业人员应满足以下要求：机上作业人员应至少包括一名机载作业设备操作人员和一名宏观记录人员。机上作业人员应具备气象相关专业知识，参加由专业机构组织的飞机增雨作业知识和技能培训，熟练掌握机载作业设备的调试与操作方法。机上作业人员应参加由运营商组织的应急处置和安全管理方面的培训。机上作业人员应身体健康，胜任飞机增雨作业，并通过政治审查。机上作业人员在作业期间应享有人身安全保险。

地面保障人员应满足以下要求：每架作业飞机应配备至少两名机务人员，其中至少一名机务人员的维修执照机型签署中应具有与作业飞机机型一致的机械或特设Ⅱ类放行资质。机务人员应具有运营商的放行授权。组织实施飞机增雨作业单位的地面指挥人员应具备气象相关专业知识，符合《人工影响天气管理条例》等相关规定。

5.2.5.2 预先准备

应符合 MH/T 1075—2020 第 5 条要求：运营商应向有关飞行管制部门提出作业空域申请，经批准后方可申请飞行计划。运营商应向有关飞行管制部门提出飞行计划申请，经批准后方可开展作业飞行。运营商应和组织实施飞机增雨作业的单位充分研究飞机增雨作业方案。运营商应和组织实施飞机增雨作业的单位协商任务分工及岗位职责。

5.2.5.3 直接准备

应符合 MH/T 1075—2020 第 6 条要求：作业飞机起飞前，机长应和组织实施飞机增雨作业的单位进行会商。机务人员应对作业飞机进行航前检查，并向机长汇报检查情况。机上作业人员应对机载作业设备进行检查和调试，确保设备运行正常。加装作业物料前，机上作业人员应检查作业物料的包装是否完好及处于有效期内。驾驶员和机上作业人员应了解起降和备降机场、空域相关情况以及最新气象信息，并在必要时提出修改作业航线的建议。使用非增压舱的作业飞机开展作业时，运营商应准备便携式供氧设备和御寒保暖用品。

5.2.5.4 作业实施

应符合 MH/T 1075—2020 第 7 条要求：在保证作业安全的情况下，机长应按照批准的飞行计划和作业方案开展作业。作业飞机如何运行应由机长根据适航标准和气象条件等因素进行决策。作业飞机起飞和降落时，气象条件应不低于作业机场运行最低标准。在作业飞机滑行、起飞和降落阶段，机上作业人员应在座位上系好安全带。飞机增雨作业应在有关飞行管制部门批准的作业空域和作业时限内进行。作业过程中，收到飞行管制部门发出停止作业的指令时应立即停止作业。非增压舱的作业飞机在海拔高度为 3000 m 至 4000 m 之间的飞行时间超过 30 min，或在海拔高度高于 4000 m 飞行时，驾驶员和机上作业人员应使用机上供氧设备。作业过程中，机上作业人员应通过空地通信系统与地面指挥人员保持通信联络。作业过程中，宏观记录人员应填写飞机增雨作业宏观记录表。地面指挥人员应结合作业飞机回传的飞行信息、作业信息、大气探测信息以及地面实时监测情况，密切跟踪作业目标云的演变，及时提醒机组调整飞行路线。作业飞机应避开雷电、强对流、冻雨等恶劣天气区域。

5.2.5.5 作业后处理

应符合 MH/T 1075—2020 第 8 条要求：机上作业人员应记录作业物料的使用量，保存飞机增雨作业和气象探测数据。机上作业人员应回收并妥善处理剩余的作业物料及残留物。机上作业人员应对机载作业设备进行检查，并做好防护。机务人员应对作业飞机进行航后检查。作业结束后，作业人员应进行讲评和总结。

5.2.5.6 应急处置

应符合 MH/T 1075—2020 第 9 条要求：运营商应制定应急处置预案，明确职责分工、响应程序、应急措施及培训和演练等要求。运营商每年应至少组织一次应急演练。发生紧急情况时，驾驶员和机上作业人员应按照应急预案进行处置。发生紧急情况时，机上作业人员应听从机长的指挥和安排。运营商应在作业飞机上配备供氧设备、灭火瓶、救生衣、急救包等相关应急救生设备。

5.2.6 飞机改装要求

5.2.6.1 总体要求

《人工影响天气飞机改装业务规范(试行)》(气发〔2023〕19 号)规定了人工影响天气飞机任务系统改装基本要求、质量控制、验收、资料管理、持续运营要求和保障等内容。该规范适用于人工影响天气飞机产权单位、租用单位、航空营运单位、使用单位和改装单位等对人工影响天气飞机改装的设计、施工、管理、监督和检查。人工影响天气无人机改装业务规范可参照本文件执行。

改装工作应严格按照《民用航空产品补充型号合格证和改装设计批准书合格审定程序》(民航规〔2022〕39 号)和中国民用航空局(简称民航局)颁布的相关标准规范要求执行。人工影响天气飞机功能性改装应符合本业务规范要求。

5.2.6.2　基本要求

人工影响天气飞机改装需求单位应编制改装集成方案并通过专家论证，按照有关要求遴选飞机改装单位，可委托具备相关资质的第三方监理对改装项目进行监督与管理。

飞机改装中标单位根据民航局相关规定，按照改装集成方案编制《补充型号合格证/改装设计批准书申请书》及附件，报民航局审批。

改装单位是飞机改装质量的第一责任人。

5.2.6.3　任务系统改装要求

飞机任务系统一般包括监测、催化、通信等各类任务设备和集成系统。加装的任务系统应满足中国民航法律法规相关要求，其功能还应符合人工影响天气飞机通用技术要求等有关标准。

任务系统改装完成后，应开展验证飞行工作。任务系统改装地面试验与飞行试验应翔实填写试验记录，保证内容齐全且具有可追溯性。

飞行试验前应完成气动性能分析、结构强度分析、结冰分析、电气负载分析、载重平衡分析和电磁兼容试验等必要验证过程。任务设备在加装前应进行必要的振动、低温、淋雨等环境可靠性试验。

5.2.6.4　飞机任务系统验收和保障

改装飞机应获得中国民用航空局颁发的民用航空器补充型号合格证(STC)、改装设计批准书(MDA)或补充型号认可证(VSTC)等批准，经适航审定后方可交付使用。

改装飞机应通过飞机改装需求单位组织的交付状态专家验收评审，验收评审专家组应包含飞机制造商、改装设计单位、航空营运人、人工影响天气业务单位等有关专家。

验收评审内容应包括飞机改装情况、关键部位施工情况、飞机重量与重心状态、任务系统设备安全性和适航性以及维护检查要求和特别注意事项等。

验收评审专家组应根据改装方案认真核查改装质量，对飞机性能和人工影响天气任务系统功能、性能进行完整测试。验收评审通过后方可进行飞机交付工作。

5.2.6.5　飞机改装资料管理

改装完成后，改装单位应编制飞机改装符合性总结报告和任务系统设计应用相关文件，并提交飞机所有人。改装单位应确保提交资料完整、可靠和有效。飞机所有人应将飞行手册、飞机维修手册、飞机线路图册、飞机改装符合性总结报告和任务系统设计应用相关文件资料进行归档管理(包括但不限于附表内容)。

5.2.6.6 持续运营要求

人工影响天气飞机改装应符合持续适航要求和运行要求。改装交付后,航空营运人应依据中国民用航空局审查批准或认可的改装有关资料制定持续适航文件,改装单位应配合航空营运人完成对持续适航文件的修订。改装单位应针对改装内容、适航要求及其运行限制等对飞机所有人、飞机使用人(用户)、航空营运人开展相关技术培训。

航空营运人应按照相关法律法规和修订后的飞行手册开展飞机运行工作,并承担飞机适航和安全责任。

人工影响天气飞机改装集成部件出现问题后,改装单位应及时配合解决。

人工影响天气飞机任务系统的维修与升级应严格遵守中国民航相关法律法规,经飞机所有人与航空营运人认可后由符合资质的单位执行。

5.2.7 国家人工影响天气飞机要求

国家人工影响天气作业飞机(以下简称国家人影飞机),是指由国家发展改革委立项并由中央投资建设,装载相关专业仪器设备用于专业化实施人工增雨(雪)等作业的飞机。国家人影飞机实行中央建设、地方运管、全国统筹、成本补偿的建设运行机制,采用托管方式交由有关专业航空企业执飞。《国家人工影响天气作业飞机业务运行管理办法(试行)》(气办发〔2019〕20 号)规定了国家人影飞机的相关要求。

5.2.7.1 总体要求

国家人影飞机作业任务由承担作业指挥的部门向负责飞机运行的部门下达。飞机运行部门根据任务安排国家人影飞机并组建外场作业小组,下达《国家人工影响天气飞机任务单》明确作业任务。国家人影飞机在执行全国跨区域作业任务时,作业指挥由中国气象局人工影响天气中心或其授权的省级气象部门负责。在执行区域内联合作业任务时,作业指挥由区域牵头省或其授权的省级气象部门负责。国家人影飞机执行作业任务所需空域的申请与协调由作业所在地的省级气象部门负责。国家人影飞机执行试验、训练等其他飞行任务,可参照执行。

5.2.7.2 职责分工

国家人影飞机常驻省(区、市)气象局是国家人影飞机运行管理的责任单位,承担安全监督管理责任,负责其所管理的国家人影飞机托管招标并签订托管合同,全面落实飞机运行规章制度、人员队伍、督促检查、日常保障和维持经费等各项工作。非国家人影飞机常驻省(区、市)气象局在使用国家人影飞机时,应与常驻省(区、市）气象局协商落实飞机使用事项并承担相关费用，按照职责分工承担任务期间飞机安全运行的监管责任，负责飞机作业组织工作。国家人影飞机托管航空企业按照民航有关法规履行托管合同规定的权利和义务，做好合同约定的飞机适航责任并落实安全生产主体责任以及国有资产的托管责任。

5.2.7.3 安全管理

中国气象局人工影响天气中心应履行国家人影飞机安全运行的有关责任，严格审核国家人影飞机托管招标技术文件中涉及安全生产方面的内容，定期组织常驻省（区、市）气象局对托管航空企业安全生产情况进行监督检查，针对检查出的问题提出整改要求。做好飞机备件库建设和飞机大修有关工作，为飞机性能稳定达标提供保障。常驻省（区、市）气象局应全面履行对飞机安全运行的监管职责，规范飞机托管合同，健全飞机作业管理规章制度并开展日常监督检查，常态化监督检查托管航空企业全面履行安全生产主体责任，督促托管航空企业共同制定安全事故应急预案并组织演练，组织制定安全科学的作业方案，规避飞行环境风险，尊重机组对涉及飞行安全方面的意见。国家人影飞机在常驻省（区、市）以外的其他省（区、市）执行作业任务期间，飞机使用省（区、市）气象局应按照职责分工做好飞机安全生产的监管工作，组织制定安全科学的作业方案，规避飞行环境风险，尊重机组对涉及飞行安全方面的意见，监督机组人员履行安全岗位责任。

5.2.7.4 安全隐患排查与报告

国家人影飞机常驻省（区、市）气象局和有关飞机使用省（区、市）气象局应建立飞机安全隐患排查报告制度，组织托管航空企业共同强化对飞机安全隐患的日常检查。对于排查出的安全隐患和出现的重大飞机故障，托管航空企业应及时书面报告给国家人影飞机常驻省（区、市）气象局，国家人影飞机常驻省（区、市）气象局接到报告后24小时内将隐患或故障类型以及相应采取的措施等有关情况书面报告给中国气象局人工影响天气中心。排查出的安全隐患，应按照民航安全生产规程予以整改清除并及时将整改情况报告给中国气象局人工影响天气中心备案。安全隐患未得到有效清除前，禁止实施飞机作业。

5.2.7.5 事故调查

国家人影飞机发生的飞行作业安全事故，依照国家相关法规和民航部门安全生产管理规定，追究托管航空企业的安全生产主体责任。有关部门的事故调查结论表明与气象部门安全管理有关联责任的，由中国气象局对照办法所列安全管理要求以及有关规章制度和技术标准，追查有关单位、有关人员履职履责情况，依法追究失职失责者的领导责任、监管责任和直接责任。

5.3 地面装备管理

5.3.1 政策依据

《人工影响天气管理条例》第十五条规定:“实施人工影响天气作业使用的火箭发射装置、炮弹、火箭弹,由国务院气象主管机构和有关部门共同指定的企业按照国家有关强制性技术标准和要求组织生产。因作业需要采购前款规定设备的,由省、自治区、直辖市气象主管机构按照国家有关政府采购的规定组织采购。”

《人工影响天气管理条例》第十七条规定:“实施人工影响天气作业使用的高射炮、火箭发射装置,由省、自治区、直辖市气象主管机构组织年检;年检不合格的,应当立即进行检修,经检修仍达不到规定的技术标准和要求的,予以报废。”

《人工影响天气管理条例》第十八条规定禁止下列行为:①将人工影响天气作业设备转让给非人工影响天气作业单位或者个人;②将人工影响天气作业设备用于与人工影响天气无关的活动;③使用年检不合格、超过有效期或者报废的人工影响天气作业设备。人工影响天气作业单位之间转让人工影响天气作业设备的,应当报经有关省、自治区、直辖市气象主管机构批准。

《人工影响天气安全管理规定》(气发〔2017〕80 号)第五条规定:“各省、自治区、直辖市气象主管机构应当建立高炮、火箭发射架等作业装备的年检制度,规范年检的组织形式,建立、健全作业装备档案,按照有关的技术要求,采用专用检测设备进行定量检测;对检测合格的作业装备,给予年检合格证。禁止使用未取得年检合格证的人工影响天气作业装备。”

《人工影响天气安全管理规定》(气发〔2017〕80 号)第七条规定:“存放高炮、火箭的作业站点必须建设专用库房。人雨弹、火箭弹等必须存放于弹药库中,禁止与其他易燃、易爆等危险品共同存放。作业装备必须有专人看管。”

《人工影响天气安全管理规定》(气发〔2017〕80 号)第九条规定:“作业前,作业人员应对作业装备进行认真检查,确保作业装备处于完好状态。作业指挥人员和作业人员应遵守作业规程和业务规范,按照作业装备的使用方法和程序进行操作、排除故障,禁止违规操作。作业结束后,应及时清点、回收弹壳,统计故障弹,上报作业情况,对高炮、火箭发射架进行维护、保养,并存放于库房中。”

《人工影响天气专用技术装备管理办法(试行)》(气发〔2014〕106 号),规范了人工影响天气专用技术装备的技术要求、研制、定型、许可、使用、运行保障、质量监督和报废等工作。

《人工影响天气专用技术装备使用许可技术审查办法》(气减函〔2016〕33 号),

适用于中国气象局人工影响天气业务机构组织开展的人工影响天气专用技术装备技术审查工作。

5.3.2 储存要求

《地面人工影响天气作业安全管理要求》(QX/T 297—2015)第5.5.1条规定作业装备应储存于符合相关规范要求的专用库房内。作业装备应分类存放，具体要求参见QX/T 297—2015附录A。第5.1.3条要求高炮的炮闩、火箭的发射控制器应指定专人单独保管。第5.1.4条要求弹药库应安装防盗门、安防监控、防盗报警等装置。第5.1.5条要求宜建立作业装备信息管理系统。

QX/T 297—2015第5.4条要求地面发生器安装后应设置安全隔离护栏和警示标志，宜采用视频监控。

5.3.3 性能要求

5.3.3.1 增雨防雹高炮系统技术要求

《增雨防雹高炮系统技术要求》(QX/T 358—2012)规定了增雨防雹高炮系统的组成与分类以及技术要求。该标准适用于增雨防雹高炮系统的设计、研发、定型、生产、验收和使用。

5.3.3.2 火箭发射架通用技术规范

《人工影响天气火箭发射架通用技术规范》(QX/T 603—2021)规定了人工影响天气火箭发射架通用技术要求和检测方法。该标准适用于人工影响天气火箭发射架的设计、制造和检测检验。

5.3.3.3 作业用弹药保险柜

《人工影响天气作业用弹药保险柜》(QX/T 328—2016)规定了相关技术要求、检验方法、检验规则、标志、包装、贮存和运输要求。该标准适用于人工影响天气作业点临时存储所有人工影响天气作业用弹药(包括人工影响天气火箭弹、人工影响天气炮弹)的保险柜。

5.3.4 安全使用

5.3.4.1 37 mm高炮增雨防雹作业安全技术规范

《37 mm高炮增雨防雹作业安全技术规范》(QX/T 17—2019)规定了37 mm高炮人工增雨防雹的作业点、空域安全和作业安全要求。该标准适用于使用口径为37 mm高炮和人工增雨防雹炮弹进行的人工影响天气作业。

5.3.4.2 增雨防雹火箭作业系统安全操作要求

《人工影响天气安全 增雨防雹火箭作业系统安全操作要求》(QX/T 99—

2019)规定了人工增雨防雹火箭作业系统的发射场、操作人员作业空域申请、作业前检查、作业实施、作业结束、维护保养、故障处置等内容。该标准适用于人工增雨防雹火箭作业系统安全操作。

5.3.4.3　37 mm 高炮安全操作规范

《人工影响天气作业用 37 mm 高炮安全操作规范》(QX/T 165—2012)规定了使用 37 mm 高炮(简称高炮)实施人工影响天气作业时操作员的安全操作规范。包括射前准备、射击、故障排除及射后处理等安全操作内容。该标准适用于使用 37 mm 高炮人工防雹增雨弹所进行的人工影响天气安全作业。

5.3.4.4　人工影响天气高炮作业十不准

①培训不合格不准作业;②空域未批复不准作业;③安全射界外不准作业;④检测不合格不准作业;⑤过期破损弹不准使用;⑥准备不足不准起落炮;⑦无排障资质不准处置;⑧压排退弹时不准平炮;⑨握把未到位不准送回;⑩排查卡弹时不准捅炮。

5.3.5　装备年检与维修维护

5.3.5.1　37 mm 高炮检测规范

《人工影响天气作业用 37 mm 高炮检测规范》(QX/T 18—2020)规定了用于人工影响天气作业的 37 mm 高炮(含自动化改造的高炮)主要部件检测的技术要求、检验方法以及检测项目的分类。该标准适用于人工影响天气作业用 1965 年式及自动化改造的双管 37 mm 高炮检测,其他年式 37 mm 高炮可参照使用。

5.3.5.2　37 mm 高炮维修技术规范

《人工影响天气作业用 37 mm 高炮维修技术规范》(QX/T 390—2017)规定了人工影响天气作业用 37 mm 高炮完整状态主要部件维修的基本要求及技术要求。该标准适用于人工影响天气作业用 37 mm 高炮的维修。

5.3.6　装备故障处置

QX/T 297—2015 第 5.6 条规定,作业装备出现故障时,应立即停止使用,并及时上报,操作人员不允许擅自排除故障。故障应由专业人员排除,并经作业装备专职管理责任人确认合格后,方可继续使用。

5.3.7　废旧装备处置

废旧装备报废由各省(区、市)气象主管机构统一组织,一般应每 2 年进行一次,具体按资产管理有关规定执行。废旧装备销毁工作由装备生产、检测、维修厂家或当地公安、武器装备部门指定单位或装备产权单位按规范实施。对闩体、击发装置等核心部件进行切割销毁处理后的废旧装备由产权单位自行管理。废旧装备销毁全程应留存影像资料并建立销毁台账，销毁台账应注明销毁物品原始编号、日期、地点、图片等资料，技术责任人和产权单位责任人分别在销毁记录上签名，加盖产权单位公章。详细要求可参照《人工影响天气废旧装备及弹药管理办法(试行)》(气减函〔2021〕19 号)。

5.4 作业弹药管理

5.4.1 政策依据

《人工影响天气管理条例》第十六条规定："运输、存储人工影响天气作业使用的高射炮、火箭发射装置、炮弹、火箭弹，应当遵守国家有关武器装备、爆炸物品管理的法律、法规。实施人工影响天气作业使用的炮弹、火箭弹，由军队、当地人民武装部协助存储；需要调运的，由有关部门依照国家有关武器装备、爆炸物品管理的法律、法规的规定办理手续。"

《人工影响天气安全管理规定》(气发〔2017〕80 号)第十条规定："各地气象主管机构应当制定人雨弹、火箭弹的出、入库规章制度，准确掌握弹药的存储数量、批号、使用期限和配发等情况。人雨弹、火箭弹的运输，应遵守国家的有关规定。"

《人工影响天气安全管理规定》(气发〔2017〕80 号)第十一条规定："在非作业期间，人雨弹、火箭弹应当由县级以上气象主管机构统一组织清点回收，由军队、当地人民武装部协助存储，作业站点禁止存放。对于自建仓库保管的，应经当地公安机关验收认可。高炮、火箭发射架必须入库封存，关键部件要拆卸交专人保管。"

《人工影响天气安全管理规定》(气发〔2017〕80 号)第十二条规定："禁止使用未获得国务院气象主管机构许可使用的，以及超过保存期和有破损的人雨弹、火箭弹。各级气象主管机构在检查中发现上述人雨弹、火箭弹，应立即封存，由县级以上气象主管机构及时组织回收保管，并由省级气象主管机构组织销毁。违法使用未获得国务院气象主管机构许可使用的或超过保存期的人雨弹、火箭弹，应追究主管领导和当事人的责任。"

5.4.2 基本要求

QX/T 297—2015 第 5.5 条规定，无专用库房的流动作业点或临时作业点所用弹药应储存于专用保险柜内。弹药储存量不应超过专用库房和保险柜的规定安全容量。弹药出入库时至少应有 2 人在场。

《人工影响天气地面作业单位安全检查规范》(QX/T 340—2016)第 12.5 条要求作业用弹药出入库账目应完整，出入库手续应齐全，做到账物相符。

QX/T 297—2015 第 5.3 条要求实弹、训练弹、故障弹、过期弹应分开存放，并设置明显标志。

QX/T 340—2016 第 12.4 条规定，正常储存条件下，炮弹的有效期限为自生产日期起 5 年，火箭弹的有效期限为自生产日期起 3 年。

5.4.3 存储专用要求

5.4.3.1 燃烧剂和致冷剂

GB/T 33679—2017 规定了人工影响天气用燃烧剂、致冷剂的存储基本要求、存储方式和存储条件。该标准适用于人工影响天气业务燃烧剂、致冷剂的储存及管理。

存储方式与要求：①燃烧剂与致冷剂不应露天存放。②存储场所应避阳光直射。③存储场所的防雷设施应满足 GB 50057 的要求。④存储场所内的电源、电器和照明设备应具有防水和防爆功能。⑤燃烧剂存储场所内的电源、电器和照明设备应具有防腐性能。⑥存储场所应配置符合 GB 15603 要求的消防器材。⑦存储场所应设有温度和湿度监测仪器。⑧燃烧剂存储场所应设置符合 GJB 2527 要求的除静电设施。⑨存储场所应设有符合 GB 13690 要求的明显标志。⑩同一场所内存储多种物品时，应按存储物品危险等级最高的标志进行标识。⑪燃烧剂与致冷剂应按 GB 13690 的要求进行标识。⑫燃烧剂与致冷剂之间应隔开存储或分离存储。⑬不同的燃烧剂之间、不同的致冷剂之间应隔离存储、隔开存储和分离存储。⑭存储致冷剂的容器应符合 GB 15603 的要求。⑮不同品种的物品不应混合码垛。⑯压力容器不应码垛。⑰物品的码垛高度应不大于 1.6 m。⑱每一物品的周边应设有宽度不小于 1.2 m 的通道。⑲存储环境温度、湿度条件应满足物品的存储要求；当环境温度、湿度不满足存储条件时，应采取调温、除湿措施。⑳当有降雨、大雾出现时，存储场所应停止通风。

5.4.3.2 炮弹

《人工影响天气炮弹运输存储要求》(QX/T 472—2019)第 5.1.2 条规定了炮弹存储库和炮弹临时存储点的管理应满足以下要求：①应指定专人管理、看护，实行双人双锁，无关人员不得进入库房；②不应在库房内吸烟和用火、使用手机等通信工具，不应把其他容易引起燃烧、爆炸的物品带入库房内，不应在库房内住宿和进行其他活动；③应建立相关管理制度，做到出入库证件资料齐全，账目清楚、账物相符，应配备设备接入互联网系统；④不同型号、不同批次的炮弹应分区存放，并分类标识清楚，不应在库房内存放其他物品。

QX/T 472—2019 第 5.2.1 条规定了炮弹储存库的最大存储量应满足以下要

求:①37 mm炮弹储存量应不大于18000发;②57 mm炮弹储存量应不大于3800发。炮弹临时存储点的最大存储量应满足以下要求:①37 mm炮弹储存量应不大于400发;②57 mm炮弹储存量应不大于200发。

QX/T 472—2019第5.2.2条规定了堆码要求:①炮弹应分批成垛堆放,包装标志一般应朝向工作通道,行走通道不小于0.75 m,堆垛与墙的距离不应小于0.9 m,堆放高度不大于1.5 m。②堆垛与堆垛的最小距离为0.6 m,运输操作通道的宽度不应小于1.5 m。③从1.5 m以上高度摔落的炮弹应单独存放,并做好标记,未经检查鉴定不得发放、运输或与其他弹药一起堆码存放。

5.4.3.3 火箭弹

火箭弹应存储在符合《人工影响天气火箭弹运输存储要求》(QX/T 493—2019)第5.2条要求的存储库或符合QX/T 493—2019第5.3条要求的临时存储库房内:①应指定专人管理、看护;②应根据当地气候和存放物品的要求,采取防潮、隔热、通风、防啮齿动物等措施;③无关人员不得进入库房,不得在库房内住宿和进行其他活动;④不得在库房内吸烟和用火,不得把其他容易引起燃烧爆炸的物品带入库房内;⑤应建立出入库台账,宜配备设备接入人工影响天气物联网系统。

5.4.3.4 焰条

焰条应存储在符合《人工影响天气焰条运输存储要求》(QX/T 647—2022)第6.1条要求的库房:①建筑耐火等级应符合GB 50016—2014第3章的规定,多层库房耐火等级不应低于二级,单层库房耐火等级不应低于三级。②应根据当地气候和存放物品的要求,采取防潮、隔热、通风、防啮齿动物等措施。③焰条储存环境不应有直射阳光,且通风良好。参照《通用弹药储存技术要求》(GJB 4385—2002)第6.1条,温度应小于30 ℃、相对湿度应小于70%。④应安装防火防盗门,且不应设置门槛。⑤门口应设有人体静电泄放装置。⑥应配备消防和雷电防护设施。⑦应安装防盗及监控设备。

焰条存储库房应符合QX/T 647—2022第6.2条管理要求:①应指定专人管理、看护,严禁无关人员进入库房。②严禁在库房内吸烟和用火,严禁将其他容易引起燃烧、爆炸的物品及手机等电子产品带入库房内。③应建立收存、发放等出入库登记、检查制度,做到出入库凭证等资料齐全,账目清楚,账物相符;宜配备设备接入人工影响天气物联网系统。④不同型号、不同批次的焰条应分区存放,并分类标识清楚。⑤焰条应分批成垛堆放,包装标志应朝向工作通道;参照QX/T 493—2019第5.2.2条,堆垛与墙的距离不小于0.9 m,堆垛之间的距离不小于0.6 m,堆放高度不大于1.6 m,行走通道宽度不小于0.75 m,运输操作通道宽度不小于1.5 m。

5.4.4 运输要求

5.4.4.1 炮弹

人工影响天气作业用炮弹运输应符合 QX/T 472—2019 中 4.1 的一般要求和 4.2 的专用要求。

炮弹运输时应满足以下要求：运输车辆应符合 WJ 9073—2012 中 4.1 的规定，并办理审批手续后持证运输，按指定路线行驶；炮弹严禁与化学物品、火工品及带静电物品等危及炮弹安全的物品混装，不应同车携带与炮弹及作业等工作无关的货物；运输车辆应保持安全车速，运输过程中不得随意停车，在公共区域因特殊情况需较长时间停车时，应设置警戒带，并采取相应的安全防护措施。

炮弹在运输过程中的堆码应满足以下要求：凡超过 1.5 m 高度跌落的或受到强烈震动的人工影响天气炮弹，应单独存放，未经鉴定、处理，不准装卸；炮弹应堆码整齐、排列紧密、固定牢靠，防止窜动或坠落，其弹轴方向一般应与行驶方向垂直。

5.4.4.2 火箭弹

人工影响天气作业用火箭弹运输和调运应符合 QX/T 493—2019 中“4 运输”的要求。

火箭弹包装箱应堆码整齐、排列紧密、固定牢靠，防止窜动或坠落；其弹轴方向不应与车辆行驶方向平行。火箭弹不得与化学物品、其他火工品及带静电物品等危及火箭弹安全的物品混装，不应同车携带与火箭弹及作业无关的货物。运输车辆运输过程中应保持安全车速，不应随意停车，因特殊情况需较长时间停车时，应设置警戒带，并采取相应的安全防护措施。运输过程宜接入人工影响天气物联网系统。

火箭弹调运车辆应符合 WJ 9073—2012 第 4 章规定，并按照民用爆炸物品运输流程实施运输，《民用爆炸物品安全管理条例》第四章给出了相关管理要求。

作业运输应由火箭弹调运车辆或人工影响天气作业车辆实施运输，应按指定路线、时间行驶。人工影响天气作业车辆应配备静电释放装置，宜配备人工影响天气弹药运输用保险柜。人工影响天气作业车辆作业运输火箭弹携带量不应超过 20 枚，全车载重不应超过车辆核定载重量的 60%。

5.4.4.3 焰条

人工影响天气作业用焰条运输应符合 QX/T 647—2022 第 4 章的要求：运输人员应经过培训，掌握焰条运输要求；焰条不应与化学物品、火工品混装，不宜与其他无关的货物混运；从生产厂家到作业单位库房之间的运输应遵守 WJ 9073—2012 第 4 章的规定；从作业单位库房到作业点应由专用车辆运输；运输车辆在运输过程中应保持安全车速，不应随意停车，在公共区域因特殊情况需较长时间停车时，应设置警戒带，并采取符合 QX/T 472—2019 中 4.1 的安全防护措施，主要包括确保车辆的安全技术状态、货物的状态以及采取适当的防护措施（防火、防盗措施）；运输车辆应配备静电释放装置；运输车辆应按指定路线、时间行驶，宜接入人工影响天气物联网系统；铁路运输规定见《铁路危险货物运输管理规则》，水路运输规定见《水路包装危险货物运输规则》，飞机运输规定见《民用航空危险品运输管理规定》。

5.4.5 装卸要求

5.4.5.1 炮弹

人工影响天气作业用炮弹装卸应符合 QX/T 472—2019 第 4.1 条和 QX/T 297—2015 第 5.3 条的要求。

炮弹装卸时应满足以下要求：装卸时车辆应熄火、制动，驾驶员不应远离车辆，不应在装卸现场添加燃料和维修车辆；装卸人员应经过培训、考核，熟知装卸的基本性质和安全注意事项；装卸应采用适当的装卸设备及工具，并保证其使用安全，不带故障使用，不超负荷使用；装卸使用的辅助设备必须是经过防爆措施处理的，具有防爆功能；装卸时应小心谨慎，轻拿轻放，避免冲击、摩擦，禁止投掷、拖拉或在雷雨时装卸；装卸时不准敲击、磕碰，严防坠落，谨防明火。

装卸应遵循下列要求：禁止携带手机等移动式电子设备；禁止携带易燃易爆物品；关闭汽车发动机；释放人体和车辆静电；稳拿轻放，防止摔碰、跌落和倒置。如炮弹从高于 3 m 处意外跌落，现场人员应立即撤离，等待 30 s，经确认安全后方可继续装卸。

5.4.5.2 火箭弹

人工影响天气作业用火箭弹装卸应符合 QX/T 493—2019 第 4.1 条的要求：装卸人员应经过培训、考核，熟知火箭弹装卸的基本流程和安全注意事项；装卸时应避开雷电天气、严防明火。应轻拿轻放，避免冲击、敲击、摩擦、磕碰、坠落，不得抛掷、拖拉；装卸时车辆应熄火、制动，驾驶员不应远离车辆；不应在装卸现场添加燃料或维修车辆。

5.4.5.3 焰条

人工影响天气作业用焰条装卸应符合 QX/T 647—2022 第 5 章的要求：装载时，焰条箱应堆码整齐、排列紧密、固定牢靠，防止窜动或坠落；装卸时，应使用不产生火花的工具，小心谨慎，轻拿轻放，避免冲击、摩擦；不应投掷、拖拉、敲击或碰撞焰条箱，并严防焰条箱坠落；装卸场所应严禁烟火；不应在雷电天气下装卸；装卸时，车辆应在露天停放熄火、制动。驾驶员不应远离车辆；不应在装卸现场添加燃料和维修车辆；装卸现场的道路、灯光、标志、消防设施等应符合《汽车运输、装卸危险货物作业规程》(JT 618—2004)第 4.2.3.1 条的规定；装卸人员应注意自身防护，穿戴防护用具。

5.4.6 过期及故障弹药处理

《人工影响天气废旧装备及弹药管理办法(试行)》(气减函〔2021〕19 号)规定：过期及故障弹药处理由各省(区、市)气象主管机构统一组织。过期弹药集中存放在省级或市级人工影响天气专用库房，单独码放、封存，做好台账记录。各省(区、市)气象主管机构定期(一般不超过 2 年)协调弹药生产厂家集中处理过期弹药。回收处理的过期弹药，由厂家技术人员全程跟踪指导，经清点、检查、封箱后运回厂家销毁；就地销毁的过期弹药，报经当地公安部门批准后，由厂家、公安、部队等机构有资质的技术人员组织实施。出现故障弹药，作业单位应按照《37 mm 高炮增雨防雹作业安全技术规范》(QX/T 17—2019)规定，立即停止作业并及时报告上级气象主管机构。故障弹药应由厂家委派专业人员或由具备资质的技术人员现场处理，禁止作业单位自行处理。各省(区、市)气象主管机构应建立过期及故障弹药处理台账，注明弹药种类、原始编号、日期、地点、图片等资料，技术责任人和产权单位责任人分别在处理记录上签名。

QX/T 297—2015 第 5.3 条要求过期、破损和故障弹药应就地封存，按规定进行销毁，报废和销毁后，应将型号、批次、原因、生产日期、生产单位等信息上报备案。

QX/T 340—2016 中第 12.6 条规定，出现故障弹、过期弹应及时上报，登记造册，装箱封存，妥善保管，统一销毁，记录详细。

5.4.7 弹药残骸处理

5.4.7.1 管理要求

《人工影响天气废旧装备及弹药管理办法(试行)》规定：作业单位应按照业务规范，在作业后第一时间清点炮弹弹壳数量，确认弹壳内无残留发射药。有残留发射药的弹壳单独存放、记录，由厂家统一回收或委派技术人员现场处理。经确认无残留发射药的弹壳由作业单位按照当地公安部门管理规定，协调具有回收资质的企业进行回收；或由各省(区、市)气象局按照签订的协议组织厂家统一回收。故障原因造成的火箭弹残体单独存放、记录，由厂家统一回收处理或委派技术人员现场处理。非故障原因造成的火箭弹残体，由作业单位自行处理。作业单位应在作业后对焰条壳体进行检查，焰条壳体内有残留药剂的单独存放、记录，由厂家统一回收处理或委派技术人员现场处理。无残留药剂的焰条壳体由作业单位自行处理。

5.4.7.2 现场技术调查

《人工影响天气安全 炮弹、火箭弹残骸坠落现场技术调查》(QX/T 579—2020)规定了对人工影响天气炮弹、火箭弹残骸坠落现场技术调查的程序、要求、分析和结论、资料存档备案的要求。该标准适用于有报告的人工影响天气炮弹、火箭弹残骸坠落现场技术调查。

5.4.8 弹药质量通报管理

《人工影响天气弹药质量通报管理办法(试行)》(气减函〔2017〕46 号)规范了人工影响天气弹药质量通报管理职责分工、范围与内容、制作流程和问题反馈与整改要求。

5.5 空域安全管理

5.5.1 政策依据

《人工影响天气管理条例》第十一条规定:"利用高射炮、火箭发射装置实施人工影响天气作业,由作业地的县级以上地方气象主管机构向有关飞行管制部门申请空域和作业时限。利用飞机实施人工影响天气作业,由省、自治区、直辖市气象主管机构向有关飞行管制部门申请空域和作业时限;所需飞机由军队或者民航部门按照供需双方协商确定的方式提供;机场管理机构及有关单位应当根据人工影响天气工作计划做好保障工作。有关飞行管制部门接到申请后,应当及时作出决定并通知申请人。"

《人工影响天气管理条例》第十二条规定:"实施人工影响天气作业,必须在批准的空域和作业时限内,严格按照国务院气象主管机构规定的作业规范和操作规程进行,并接受县级以上地方气象主管机构的指挥、管理和监督,确保作业安全。"

《人工影响天气安全管理规定》(气发〔2017〕80 号)第八条规定:"采用向空中施放人雨弹、火箭弹、焰弹等方式实施人工影响天气作业的,作业单位在作业前应按照空域申请的程序和有关规定申请作业空域,并将申请过程记录、留存,在有关部门批复的空域和时限内实施作业;未申请空域或虽申请空域但未得到批准的,禁止实施作业。"

5.5.2 空域申报信息格式

《人工影响天气地面高炮、火箭作业空域申报信息格式》(QX/T 422—2018)规定了人工影响天气地面高炮和火箭对空射击作业空域电报的报文种类与内容、报文数据和编码规则,适用于人工影响天气地面高炮和火箭作业空域申报信息的编写和使用。

5.5.3 地面作业空域申请和使用规范

《人工影响天气安全 地面作业空域申请和使用规范》(QX/T 547—2020)规定了人工影响天气地面作业空域申请和使用的基本要求、空域使用方案、作业空域申请和批准、作业空域使用。适用于人工影响天气地面高炮、火箭对空射击作业空域申请和使用。

5.5.3.1 空域安全保障

QX/T 547—2020 第4.2条规定:①省、自治区、直辖市气象主管机构应定期召开本省、自治区、直辖市的空域协调会议。会议纪要内容应包括会议时间、地点、参会单位、参会人员、记录人及会议形成的共识,注意事项等。②省、自治区、直辖市气象主管机构应每年组织一次本省、自治区、直辖市的人工影响天气管理人员对空射击安全教育培训、考核,由空域管理专业人员授课,并记录存档;地(市)、县(市)两级气象主管机构应每年组织一次基层人工影响天气作业人员对空射击安全教育培训,并记录存档。③人工影响天气对空射击作业单位应制定人工影响天气地面作业对空射击安全事故处置预案。当对空射击作业发生空中安全事故时应立即停止作业,及时封存所有作业装备、作业记录,并配合空域管理机构的调查处理。

5.5.3.2 作业空域使用

QX/T 547—2020 第7.1条作业实施规定:①未获得批准的作业空域申请不得进行作业实施。②由县级以上气象主管机构传达空域批准指令时,县级以上气象主管机构应及时通知有关作业点按照空域批准指令开展作业。通过电话进行指令传达时,作业点应至少重复一次空域批准指令,且传达指令的气象主管机构应及时填写空域批准指令登记表,登记表格式见附录B。③作业点接到空域批准指令后,应严格按照空域管理机构批准的时间和空域范围实施作业。

第7.2条作业中止规定:①作业实施过程中,遇有特殊情况时,县级以上气象主管机构或作业点应根据空域管理机构的作业中止指令立即停止作业。②由县级以上气象主管机构传达作业中止指令的,应立即通知和确认所辖作业点停止作业,并报告空域管理机构。③被中止的作业如再实施,应重新进行空域申请。

第7.3条作业撤销规定:①作业实施前,县级以上气象主管机构或其授权的作业点可撤销作业,并立即报告空域管理机构。②被撤销的作业如需再实施,应重新进行空域申请。

第7.4条作业结束报告规定:作业结束后,县级以上气象主管机构或其授权的作业点应立即向空域管理机构报告作业结束,空域管制机构及时向其他相关军民航管制单位进行通报。

5.6 人员管理

5.6.1 政策依据

《人工影响天气管理条例》第十条规定："从事人工影响天气作业的人员，经省、自治区、直辖市气象主管机构培训、考核合格后，方可实施人工影响天气作业。利用高射炮、火箭发射装置从事人工影响天气作业的人员名单，由所在地的气象主管机构抄送当地公安机关备案。"

5.6.2 作业培训

5.6.2.1 管理要求

《人工影响天气安全管理规定》(气发〔2017〕80号)第四条规定："各省、自治区、直辖市气象主管机构应当建立人工影响天气作业人员培训、考核制度，规范培训的组织形式、培训内容和教材、培训时间、考核程序，并建立作业人员培训档案。培训内容应包括有关法律、法规和规定，作业业务规范，作业装备、仪器操作技能和安全注意事项；基本气象知识。培训档案应注明作业人员姓名、性别、出生日期、职务、培训日期等。应在每年作业期前进行培训、考核，并记入档案。作业人员培训经费，应纳入各级人工影响天气工作经费预算之中。作业人员应享有人身安全保险。"

5.6.2.2 技术要求

QX/T 297—2015第7章规定：作业人员应经专业培训合格后上岗。作业期前，应完成作业人员岗前培训、操作演练、信息注册，并报当地公安部门备案。QX/T 340—2016第13.5条要求作业人员应每年参加人工影响天气作业培训，并有培训记录。

5.6.3 人员数量

QX/T 297—2015第7.1条规定：每门高炮应不少于4人，每套火箭作业系统应不少于2人。

QX/T 340—2016第13.2条规定：每门高炮作业人数应符合QX/T 17—2003中3.6的要求，每部火箭发射架的作业人数应不少于2人。

5.6.4 基本条件

QX/T 340—2016第13.1条规定：地面作业人员年龄应不小于18周岁、不大于60周岁；应有初中及以上文化；应身体健康；应无违法犯罪记录。

5.6.5 岗位规范

火箭增雨防雹作业岗位：

《火箭增雨防雹作业岗位规范》(QX/T 338—2016)规定了火箭增雨防雹作业岗位的设置、职责、上岗条件和岗位规程。该标准适用于火箭增雨防雹作业岗位的管理。

5.6.6 其他要求

依据QX/T 340—2016第13.3条规定作业人员应在当地公安机关备案。第13.4条规定作业人员应办理人身意外伤害保险。第13.6条规定作业人员应配备安全帽、雨衣、雨鞋、工作服等劳动保护用具，火箭作业人员宜配备防静电服。

QX/T 297—2015第7.4条规定作业人员作业时应按要求穿着、佩戴安全防护装具。

5.7 安全措施

5.7.1 政策依据

《人工影响天气管理条例》第十二条第二款规定："实施人工影响天气作业，作业地的气象主管机构应当根据具体情况提前公告，并通知当地公安机关做好安全保卫工作。"

5.7.2 作业公告

依据QX/T 297—2015第8.2条要求，实施人工影响天气作业15天前，作业单位应通过张贴公告、广播等方式，或使用网络、手机短信等传播媒介，提前向社会公众公告人工影响天气作业事项。公告内容应包括实施作业的安全影响区域、起止时间，作业火箭或高炮及其弹药等；安全注意事项和可能影响、发现故障弹的处理方式、事故处理措施和方法；公告有关单位、联系人姓名、联系方式。发布范围应至少覆盖作业点周边15～20 km区域。

5.7.3 安全射界

《人工影响天气火箭作业点安全射界图绘制规范》(GB/T 37274—2018)规定了人工影响天气火箭作业点安全射界选取、安全射界图标绘与审核的要求。该标准适用于人工影响天气火箭作业点安全射界图的绘制。

《人工影响天气高炮作业点安全射界图绘制规范》(GB/T 39782—2021)规定了人工影响天气高炮作业点安全射界图绘制的基本要求、安全射界选取、安全射界图编绘、审核及地面标绘要求。该标准适用于人工影响天气37 mm、57 mm高炮作业点安全射界图的绘制。

5.7.4 作业记录

《高炮火箭防雹作业点记录规范》(QX/T 339—2016)规定了地面人工影响天气作业点高炮、火箭防雹作业的记录内容与要求。该标准适用于地面人工影响天气作业记录的管理。

5.7.5 物联网系统

5.7.5.1 定义

人工影响天气物联网系统是为了满足作业装备和弹药信息化管理需要,应用物联网技术,基于气象数字资源唯一标识符体系,对全国人工影响天气装备和弹药从出厂验收、销售、运输、仓储、使用和报废、销毁以及故障弹信息等全生命周期信息收集、监管和全过程追溯的业务系统。

5.7.5.2 编码技术规范

《人工影响天气作业装备与弹药标识编码技术规范》(QX/T 471—2019)规定了人工影响天气各种作业装备与弹药标识的编码内容、格式与规则。该标准适用于人工影响天气作业装备与弹药(含弹箱)的生产、查验、储运、使用以及日常维护维修等各环节的信息化管理。

5.7.5.3 运行管理

《人工影响天气弹药物联网系统业务运行管理办法》(气减函〔2022〕46 号)规定了人工影响天气物联网系统的建设、运行、维护、升级等相关工作,含纳入人工影响天气物联网系统应用管理范畴的各类硬件设备、应用软件、人工影响天气弹药全生命周期信息和相关基础数据,以及与有关部门开展的信息互联互通的有关要求。

5.8 站点建设

5.8.1 政策依据

《人工影响天气管理条例》第八条规定:"人工影响天气的作业地点,由省、自治区、直辖市气象主管机构根据当地气候特点、地理条件,依照《中华人民共和国民用航空法》、《中华人民共和国飞行基本规则》的有关规定,会同有关飞行管制部门确定。"

《人工影响天气安全管理规定》(气发〔2017〕80 号)第六条规定:"高炮、火箭作业站点的布设,应当遵守《中华人民共和国民用航空法》、《中华人民共和国飞行基本规则》以及国务院气象主管机构业务规范的有关规定。经批准的作业站点，必须调查和掌握高炮、火箭射程范围内的城镇、厂矿企业、村庄等人口稠密区的分布情况，绘制安全射界图。作业时，高炮、火箭的发射方向和角度应避开上述地点，减少意外事故的发生。”

5.8.2 站点设置及运行条件

《人工影响天气地面作业站点设置及运行基本条件（试行）》（气减函〔2020〕64号附件）规定了人工影响天气作业站点设置和运行保障的基本条件。

5.8.2.1 基本要求

作业点管理应符合 QX/T 297—2015 第 4.1 条要求：各级气象主管机构应对涉及人工影响天气作业安全的场地的设置、建设、作业人员、作业行为等进行管理。

5.8.2.2 场地设置要求

场地设置应符合 QX/T 297—2015 第 4.2 条要求：①应根据当地气候特点及作业需求进行作业点选址，宜选在交通方便、通信畅通的地点；②高炮、火箭作业点应选在作业影响区上风方，分别距居民区不小于 500 m、100 m；③作业点应满足安全射界或安全作业的要求。

高炮和火箭固定作业点应满足下列条件：①建有实体围墙、值班室、休息室、装备库、弹药库和作业平台；②设有防雷、消防、安防和通信设施；③值班室内张贴常用制度、作业流程和安全射界图等；④作业平台平整硬化，禁射标志醒目。

高炮和火箭流动作业点应按照上面第④条要求选择作业场地。高炮和火箭临时作业点应参考上面第④条要求选择作业场地。地面发生器作业点应远离易燃易爆物，并设有防雷、安防和通信设施。

选址审查：新增或变动作业点应报省级气象主管机构审查；上报材料应包括作业点的地名、编号、经纬度、海拔高度、装备类型、选址原因等。

5.8.2.3 场地管理要求

场地管理应符合 QX/T 297—2015 第 4.3 条基本要求：每个作业点应指定专人负责本作业点的安全管理工作。规章制度、作业手册和应急处置程序应规范完备。应加强对作业装备的维护保养和安全防护。

固定作业点：工作环境整洁，物品分类定置，标识明显；宜安装视频监控设施，掌握作业点内的环境安全状况、作业过程等；应定期调查作业区内环境变化，调整安全射界图。

流动作业点：应定期巡视作业区内环境变化，当不符合作业要求时，应及时进行调整。

5.8.3 地面作业站点建设规范

《人工影响天气地面作业站建设规范》(QX/T 329—2016)规定了采用高炮/火箭实施人工影响天气地面作业的作业站的选址及建设要求。该标准适用于采用高炮/火箭实施人工影响天气地面作业的作业站的新建或改建。

5.8.3.1 高炮作业单位

高炮作业单位的建筑物应符合 QX/T 329—2016 中第 5.1 条的要求。弹药临时存储库配置的弹药保险柜应符合 QX/T 328—2016 的要求;高炮作业单位的射击平台应符合 QX/T 329—2016 中第 5.2 条的要求;高炮作业单位应有通信工具,且符合 QX/T 17—2003 中第 3.3 条的规定;高炮作业单位应设置视频监控系统,弹药临时存储库的视频监控系统应符合 GA 837—2009 中第 4.2.5 条的规定。

5.8.3.2 火箭作业单位

火箭作业单位的建筑物应符合 QX/T 329—2016 中第 5.1 条的要求。弹药临时存储库配置的弹药保险柜应符合 QX/T 328—2016 的要求;火箭作业单位应有通信工具,且符合 QX/T 17—2003 中第 3.3 条的规定;火箭作业单位应设置视频监控系统,弹药临时存储库的视频监控系统应符合 GA 837—2009(《民用爆炸物品储存库治安防范要求》)中第 4.2.5 条的规定。

5.8.4 炮弹存储库和炮弹临时存储点建设要求

QX/T 472—2019 第 5.1.1 条规定,炮弹存储库和炮弹临时存储点的建设应满足以下要求:①应根据当地气候和存放物品的要求,采取防潮、隔热、通风、防啮齿动物等措施。②耐火等级应符合 GA 838—2009(《小型民用爆炸物品储存库安全规范》)中 9.1.1 的规定。③建筑结构和净高应满足 GA 838—2009 中 9.1.2 的要求。④屋面应采用轻质泄压屋面,存储库的泄压面积应不小于10 m^2,临时存放点的泄压面积应不小于 1 m^2。当屋面泄压面积达不到要求时,应辅以门窗作为泄压面积。⑤门的安装应符合 GA 838—2009 中 9.1.3 和 9.1.4 的要求。⑥窗户的安装应符合 GA 838—2009 中 9.1.5 的要求。⑦地面应采用不发生火花地面。⑧消防、电气和防雷措施应符合 GA 838—2009 中 10、11、12 的规定。⑨应安装入侵报警、周界报警、视频监控等治安防范设施,并应符合 GB 50394、GB 50395 要求。

QX/T 472—2019 第 5.1.2 条规定,炮弹存储库和炮弹临时存储点的管理应满足以下要求:①应指定专人管理、看护,实行双人双锁,无关人员不得进入库房。②不应在库房内吸烟和用火、使用手机等通信工具,不应把其他容易引起燃烧、爆炸的物品带入库房内，不应在库房内住宿和进行其他活动。③应建立相关管理制度，做到出入库证件资料齐全，账目清楚、账物相符，应配备设备接入互联网系统。④不同型号、不同批次的炮弹应分区存放，并分类标识清楚，不应在库房内存放其他物品。

5.8.5 作业点安全等级评定

5.8.5.1 管理要求

中国气象局《减灾司关于印发〈人工影响天气作业点安全等级评定办法〉等两个试行办法的通知》(气减函〔2016〕27号)从规章制度、环境设施、装备弹药、人员管理等方面提出了基层作业点建设管理的基本条件和安全等级提升方向。要求省、自治区、直辖市气象主管机构负责组织本行政区域内作业点的安全等级评定工作。作业点所属单位应当主动接受气象主管机构的监督检查，积极配合开展安全等级评定工作。

5.8.5.2 安全等级评估技术要求

《人工影响天气地面固定作业点安全等级》标准(征求意见中，尚未发布)规定人工影响天气地面固定作业点评估安全等级的要求与评定。该标准适用于人工影响天气地面固定作业点的建设与管理。

作业点安全等级最高为一级，其次为二级，最低为三级。当作业点满足基本条件，且安全管理、安全防范、作业装备安全以及作业人员安全指标均满足一级时，安全等级为一级，其他按照出现一项或多项最低指标确定等级。作业点安全等级确定应保存档案，等级确定表见本标准附录A。当作业点出现下列情况之一时，撤销已获得的安全等级资格：①因事故造成人员死亡或四级以上(含四级)伤残；②擅自进行高炮射击、火箭发射；③装备、弹药丢失。

5.9 安全检查

5.9.1 政策依据

《气象法》第三十条规定："国务院气象主管机构应当加强对全国人工影响天气工作的管理和指导。地方各级气象主管机构应当制定人工影响天气作业方案，并在本级人民政府的领导和协调下，管理、指导和组织实施人工影响天气作业。……实施人工影响天气作业的组织必须具备省、自治区、直辖市气象主管机构规定的条件，并使用符合国务院气象主管机构要求的技术标准的作业设备，遵守作业规范。"

《中共中央 国务院关于推进安全生产领域改革发展的意见》要求："负有安全

生产监督管理职责的有关部门依法依规履行相关行业领域安全生产和职业健康监管职责，强化监管执法，严厉查处违法违规行为。”

《安全生产法》第十条第二款规定：“国务院交通运输、住房和城乡建设、水利、民航等有关部门依照本法和其他有关法律、行政法规的规定，在各自的职责范围内对有关行业、领域的安全生产工作实施监督管理。”

《安全生产法》第七十条规定：“负有安全生产监督管理职责的部门依法对存在重大事故隐患的生产经营单位作出停产停业、停止施工、停止使用相关设施或者设备的决定，生产经营单位应当依法执行，及时消除事故隐患。……通知应当采用书面形式，有关单位应当予以配合。”

国办发〔2012〕44 号文件要求：“加快建立责任明确、操作规范、制度严格、措施到位的安全生产监督管理体系。加强空域申请、弹药储运、转场交通、作业人员安全等重点环节的管理与监督检查，杜绝发生责任事故。强化装备、弹药质量检测，健全气象、军队、公安等紧密协作的管理机制，依法落实购销、储运等管理制度。加强作业人员安全知识培训，为作业人员提供安全保险。完善安全事故应急处置预案，加强应急演练，提高事故应急处置能力。”

国办发〔2020〕47 号文件要求：“健全部门紧密协作的联合监管机制，加强作业装备、弹药的生产、购销、运输、存储、使用等安全管理，依法加强对作业人员的备案和培训，落实空域申请、作业安全保卫、作业站点巡查等工作制度，切实消除安全隐患。”

《人工影响天气安全管理规定》(气发〔2017〕80 号)第三条规定：“各省、自治区、直辖市气象主管机构应当制定从事人工影响天气作业单位的条件，并定期对作业单位进行检查。对未通过检查的作业单位，应停止其开展作业。”

《人工影响天气安全管理规定》(气发〔2017〕80 号)第十七条规定：“各级气象主管机构必须经常组织安全检查工作，规范检查内容，制定检查提纲。对检查中发现的问题，应以书面形式责令限期整改。”

5.9.2 责任清单

5.9.2.1 国家级人工影响天气安全责任清单

国家级人工影响天气安全责任清单包括中国气象局应急减灾与公共服务司、中国气象局人工影响天气中心和中国气象局上海物资管理处等国家级人工影响天气管理和业务部门的职责。

①落实国家人工影响天气协调会议制度，推动有关成员单位建立联合工作机制。②组织制定和推进实施有关人工影响天气的国家和行业标准、规范和制度。③规划和组织人工影响天气安全管理体系建设，完善国家层面的人工影响天气安

全监管机制。监督、检查有关人工影响天气法律、法规、部门规章及规范性文件的贯彻执行，指导、督查地方人工影响天气工作。④规划指导人工影响天气安全防控体系建设，推动地方政府人工影响天气安全应急救援体制建设，指导人工影响天气事故调查处理。⑤加强人工影响天气作业装备弹药管理，组织实施人工影响天气装备使用许可工作，严格装备弹药质量监管，保障作业安全。

5.9.2.2　省级人工影响天气安全责任清单

省级人工影响天气安全责任清单包括省级人工影响天气管理、业务部门和下级单位职责。

①制定省级年度人工影响天气工作计划，包括年度作业实施及安全生产等工作，报同级政府批准后执行。②建立人工影响天气作业实施单位的条件规定，加强对作业实施单位的备案管理；加强对作业实施单位的日常监管，建立作业实施单位工作评价机制，开展作业实施单位人工影响天气综合能力评价。③建立人工影响天气作业人员从业条件规定，明确从业人员培训组织、作业技能考核和合格标准，并组织实施。④制定人工影响天气作业装备年检、维修、养护制度，组织装备年检以及装备使用、管理、维修、养护检查。⑤制定人工影响天气作业炮弹、火箭弹的购买、运输、存储、使用制度，建立作业弹药安全保障机制。⑥落实法规政策、标准、规范和制度，严格执行法规标准，依法、依规、依标开展人工影响天气作业。⑦落实行业监管责任制，组织安全检查，督促市、县将人工影响天气安全生产纳入地方政府安全防控体系。⑧制定作业空域申报审批制度，杜绝违规作业，合法、合理利用空域资源。⑨制定作业公告发布制度，明确内容、指标和发布形式等，督促作业实施单位提前公告，避免发生意外事故。⑩组织制定多部门参与的事故应急处置和救助预案并开展演练；在实施人工影响天气作业过程中发生意外人身伤害、财产损失时，组织有关部门进行事故调查、处理。

5.9.3　飞机检查规范

《人工影响天气飞机安全检查规范（试行）》（气减函〔2021〕63 号附件）规定了人工影响天气飞机安全检查的工作组织、检查项目和要求，适用于中国气象局、各省（区、市）气象局对人工影响天气飞机进行安全检查。

5.9.3.1　工作组织

（1）检查组织

国家级安全督查：中国气象局组建国家级人工影响天气飞机安全检查督查组，督导全国各省（区、市）气象局人工影响天气飞机安全检查工作。

省级安全检查：开展人工影响天气飞机作业的各省（区、市）气象局均应成立检查组，督导飞机服务或托管的航空运营人开展日常飞行安全检查，也可委托符合资格条件的第三方安全专业机构进行飞机安全检查或协助检查组工作。

检查员：人工影响天气飞机安全检查员应掌握人工影响天气飞机作业相关法律法规规章、安全规定和业务规范。国家级督查组成员由中国气象局聘任。

(2)检查对象

人工影响天气飞机安全检查对象包括飞机使用单位和航空运营人。其中，飞机使用单位包括开展人工影响天气飞机作业的国家级和省(区、市)气象局人工影响天气业务部门。

(3)检查形式

人工影响天气飞机安全检查包括被检查对象自查和检查组(督查组)现场检查两种形式。

飞机使用单位每年作业季前组织安全自查，并向本省(区、市)气象局和中国气象局上报安全自查情况报告。

检查组(督查组)采取查阅档案文件、现场查验、询问有关人员等方式进行实地检查，检查范围包括安全生产责任制等规章制度落实情况、业务人员岗位培训和保险办理情况、平台装备适航完备情况以及催化剂储运情况等。

5.9.3.2 检查项目

站点检查规章制度、人员条件、仪器装备、催化剂管理和应急预案。其中，规章制度包括安全生产责任制、运行保障制度、服务或托管合同、军民航协调保障、作业流程与规范、飞机外场管理、空地通信指挥。人员条件包括工作人员政审、人员岗位要求、航空运营人要求、岗位技能培训、人身意外保险。仪器装备包括航空器证件、飞机适航状态、机载设备完整性、飞机与机载设备保险。催化剂管理包括机载焰条焰弹等催化用品，致冷剂、粉剂等催化剂购置、存储和运输。应急预案包括飞行突发事件应急处置预案和飞机应急处置地面演练方案。

5.9.3.3 检查报告

(1)报告内容

人工影响天气飞机安全检查报告主要内容应包括安全检查基本情况、安全检查事项落实情况、存在的问题或隐患、整改措施及建议、检查员名单及报告日期等。检查报告格式主体要素应含标题和正文以及被检查单位、检查日期、检查地点、检查人员、报告日期等内容。

(2)报告要求

检查组应在人工影响天气飞机安全检查工作结束后10个工作日内完成检查

报告。检查报告应依据充分，内容完整，条理清楚，数据可靠，结论准确，整改措施及建议合理可行。检查报告由国家级督查组报中国气象局，由省级检查组报本省（区、市）气象局。

5.9.3.4 整改落实

国家级与省级检查组分别经由中国气象局和省（区、市）气象局对整改措施的可行性、后续整改落实效果提出审核意见。

5.9.4 地面检查规范

QX/T 340—2016 规定了对使用 37 mm 高炮、火箭进行人工影响天气地面作业的单位进行安全检查的项目和要求。该标准适用于对使用 37 mm 高炮、火箭进行人工影响天气地面作业的单位开展安全检查。

5.9.4.1 检查项目

QX/T 340—2016 中“4 安全检查项目”规定人工影响天气地面作业单位包括高炮作业单位和火箭作业单位，开展的安全检查项目见本标准附录 A。

5.9.4.2 检查内容

QX/T 297—2015 第 9.1 条规定作业安全检查的内容应包括：①规章制度和安全措施的建立与落实情况；②作业装备及其存储和运输情况；③安全射界图设置和执行情况；④作业前公告情况；⑤作业人员配备数量、教育培训、上岗资质及注册备案情况；⑥作业记录情况；⑦防雷装置、安全警示标志的设置；⑧固定作业点标准化建设情况；⑨检查项目、检查内容和评分，评分标准参见本标准附录 B 和附录 C。

5.9.4.3 检查要求

QX/T 297—2015 第 9.2 条要求省、市、县级气象主管机构每年应检查（抽查）当地人工影响天气工作安全管理状况。

检查工作应按下列要求进行：①制定明确的检查提纲；②查阅有关法规、标准、文件、制度、规范、预案、报表、记录、操作流程等资料；③检查应急处置预案的适用性、有效性；④查看设备运行、安全标志、维修保养等规章制度；⑤听取人工影响天气业务安全管理工作报告；⑥检查作业人员对作业装备操作技能和应知应会内容的掌握情况；⑦检验作业人员执行应急处置预案的准确性和熟练性；⑧对检查中发现的问题，及时提出整改意见，书面送达，限期整改，直至复查合格；⑨检查完毕后应形成安全检查报告。

5.9.4.4 安全检查报告

安全检查报告的主要内容应包括安全检查基本情况、安全检查项目完成情况、存在的安全问题、整改措施及建议、检查人员名单及报告日期。

安全检查报告应依据充分，内容完整，条理清楚，数据可靠，结论准确，整改措施及建议合理可行。安全检查报告的格式应符合 GB/T 9704—2012(《国家行政机关公文格式》)的要求。

5.9.5 安全事故处置

5.9.5.1 工作要求

《人工影响天气安全管理规定》(气发〔2017〕80 号)第十八条规定："地方各级气象主管机构应当制定人工影响天气作业安全事故处理预案。发生重大安全事故和违法、违规事件时，必须及时逐级上报，不得隐瞒不报、谎报和拖延不报。"

5.9.5.2 处置原则

QX/T 297—2015 第 10.1 条规定处置原则要求：①在当地人民政府统一领导下，组织开展事故应急救援工作。②根据事故大小、危害程度，各级气象主管机构按职责分级响应，开展应急救援。③根据事故性质，力求科学、规范地进行调查和处理。

5.9.5.3 信息报送

QX/T 297—2015 第 10.2 条规定信息报送要求：①事故发生后，事故现场有关人员应立即向本单位负责人报告；单位负责人接到报告后，应于 2 小时内向事故发生地县级或以上气象主管机构报告。②市级或省级气象主管机构应在获知信息的 2 小时内简要报告、6 小时内详细报告上级气象主管机构，并详细记录事故基本信息。根据工作进展，及时上报后续情况。如出现新的情况，应及时补报。③报告内容包括：事故发生单位概况；事故发生的时间、地点、简要经过、现场处置与救援情况、原因初步判断；事故已经或可能造成的人员伤亡和财产损失；已经采取的措施；其他应当报告的情况。

5.9.5.4 应急

QX/T 297—2015 第 10.3 条规定应急要求：①做好保护现场、救治人员、保护财产等工作，观察现场有无未爆弹药等险情。②有关单位应启动应急响应，相关人员应立即进入应急工作状态。③视需要成立事故调查组。调查组成员宜携带照(摄)像与录音设备、清理工具、勘察箱等。④省级气象主管机构视需要通知装备生产单位、验收单位、保险公司等参加事故调查处理。

5.9.5.5 事故调查

QX/T 297—2015 第 10.4 条规定事故调查要求：①用照(摄)像、绘图等方式记录事故现场信息，测定有关数据。②详细了解事故原因、发生、发展过程及人员伤亡、财产损失、天气状况和其他影响因素等。③调查作业装备的安全状况、作业人员的操作过程、身心健康、安全培训等信息。④了解安全操作规范和安全规章制度的执行状况，查看安全防护措施的落实情况。⑤分析事故原因、性质和责任，总结经验教训，提出整改措施和处理建议，及时上报调查报告。

5.10　相关安全技术标准规范清单

5.10.1　人工影响天气业务

GB/T 33679—2017　人工影响天气用燃烧剂和致冷剂的存储技术条件

GB/T 34292—2017　人工防雹作业预警响应

GB/T 34304—2017　人工防雹作业预警等级

GB/T 34305—2017　37 mm 高射炮防雹作业方式

GB/T 35573—2017　空中水汽资源计算方法

QX/T 151—2012　人工影响天气作业术语

QX/T 185—2013　人工影响天气藏语术语

QX/T 339—2016　高炮火箭防雹作业点记录规范

QX/T 360—2016　碘化银类人工影响天气催化剂静态检测规范

QX/T 492—2019　大型活动气象服务指南 人工影响天气

5.10.2　空域使用

QX/T 422—2018　人工影响天气地面高炮、火箭作业空域申报信息格式

QX/T 547—2020　人工影响天气安全 地面作业空域申请和使用规范

5.10.3　人工影响天气作业站点建设管理

GB/T 37274—2018　人工影响天气火箭作业点安全射界图绘制规范

GB/T 39782—2021　人工影响天气高炮作业点安全射界图绘制规范

QX/T 297—2015　地面人工影响天气作业安全管理要求

QX/T 329—2016　人工影响天气地面作业站建设规范

QX/T 338—2016　火箭增雨防雹作业岗位规范

QX/T 569—2020　人工增雨(雪)地面催化剂发生器选址安装技术要求

5.10.4　装备操作维修管理

QX/T 17—2019　37 mm 高炮增雨防雹作业安全技术规范(代替 QX/T 17—2003)

QX/T 18—2020 人工影响天气作业用37 mm高炮检测规范(代替QX/T 18—2003)

QX/T 99—2019 人工影响天气安全 增雨防雹火箭作业系统安全操作要求(代替QX/T 99—2008)

QX/T 165—2012 人工影响天气作业用37 mm高炮安全操作规范

QX/T 358—2016 增雨防雹高炮系统技术要求

QX/T 359—2016 增雨防雹火箭系统技术要求

QX/T 390—2017 人工影响天气作业用37 mm高炮维修技术规范

QX/T 445—2018 人工影响天气用火箭弹验收通用规范

QX/T 471—2019 人工影响天气作业装备与弹药标识编码技术规范

QX/T 603—2021 人工影响天气火箭发射架通用技术规范

5.10.5 弹药运输存储

QX/T 328—2016 人工影响天气作业用弹药保险柜

QX/T 472—2019 人工影响天气炮弹运输存储要求

QX/T 493—2019 人工影响天气火箭弹运输存储要求

QX/T 647—2022 人工影响天气焰条运输存储要求

5.10.6 安全检查

QX/T 340—2016 人工影响天气地面作业单位安全检查规范

5.10.7 事故技术调查

QX/T 579—2020 人工影响天气安全 炮弹、火箭弹残骸坠落现场技术调查

5.10.8 飞机作业

QX/T 421—2018 飞机人工增雨(雪)作业宏观记录规范

QX/T 473—2019 螺旋桨式飞机机载焰剂型人工增雨催化作业装备技术要求

QX/T 505—2019 人工影响天气作业飞机通用技术要求

QX/T 556—2020 飞机人工增雨(雪)作业流程

QX/T 602—2021 人工影响天气飞机作业基本技术要求

MH/T 1075—2020 飞机增雨作业安全规范

第 6 章　综合气象观测业务安全

综合气象观测业务安全稳定运行是气象服务的基础，它不仅关乎气象数据的准确性、及时性，还直接关系到公众的生命财产安全以及国家经济社会持续稳定健康发展。中国气象局高度重视安全工作，历年来把涉氢、涉气、铁塔等安全作为重中之重。根据国家全面推进依法治国的要求，中国气象局不断加强和完善安全管理。中国气象局综合观测司发布了对涉氢、涉气、铁塔等管理办法，加强对涉氢、涉气、铁塔等观测业务安全管理力度并常态化开展基层自查、省级检查、国家级督查，通过不断的排查整治，消除安全隐患，确保综合气象观测业务系统安全稳定运行。

6.1　气象涉氢业务安全

6.1.1　人员要求

从事水电解制氢操作人员，须进行水电解制氢相关知识和操作技能的培训，了解水电解制氢设备的基本原理、结构和性能，掌握制氢用氢安全操作技术。上岗前须按《固定式压力容器安全技术监察规程》(TSG 21—2016)的要求取得国家认可的特种设备作业人员证书。

各级气象部门应组织水电解制氢操作人员参加质监部门举办的特种设备安全教育和培训，取得上岗操作证后，方可从事水电解制氢业务。水电解制氢操作人员在作业中应当严格执行特种设备的操作规程和安全规章制度。

高空气象观测站制氢用氢人员应当按照《常规高空气象观测业务规范》的要求，持有高空气象观测岗位证书上岗。制氢用氢人员、设备保障维修人员上岗时必须配备防静电服装、防静电鞋、防碱手套等安全防护用品。

高空气象观测站制氢人员必须严格按照《气象业务氢气作业安全技术规范》(QX/T 357—2016)和相关操作规程要求，操作、运行和维护制氢设备。

6.1.2 场地与设施

新建、改建、扩建水电解制氢室、储氢室、充球室应符合《高空气象观测涉氢业务设施建设技术规定》、《气象业务氢气作业安全技术规范》和《氢气站设计规范》(GB 50177—2005)、《建筑设计防火规范》(GB 50016—2014)对高空气象观测站制(储、用)氢的要求。所有设计和建设文件、图纸、设备检验报告等相关材料应作为台站档案保存。

探空平衡器、工作台面、储氢设施、汇流排等应具备良好的接地和防静电设施,其接地电阻应小于 4 Ω。每年汛期前检查一次防静电接地的有效性,确保接地牢固可靠。

储氢罐安全阀排气管、充球排气管等氢气出口处应安装防回火装置。制氢室、储氢室、储存氢气瓶的场所必须安装氢气泄漏监测系统,在氢气泄漏时能以声、光、手机短信等方式报警。制氢用氢安全区域内严禁烟火。

6.1.3 设备安装

制氢设备在安装前,设备生产厂家应当向高空气象观测站移交技术规范要求的设计文件、产品质量合格证明、安装及使用维修说明等文件。储氢罐等压力容器生产厂家应当按《固定式压力容器安全技术监察规程》(TSG 21—2016)之 5.1 条(3)款规定,向高空气象观测站提供安装图样和施工质量证明文件等技术资料。所有仪表、安全阀应在检定有效期内。

水电解制氢设备的储氢罐等压力容器在安装前,生产厂家应按照《特种设备安全监察条例》第十七条的要求,在施工前须将拟进行的安装、改造等情况书面告知当地特种设备安全监督管理部门,告知后即可施工。

水电解制氢设备(包括储氢罐等压力容器)的安装,按照《气象业务氢气作业安全技术规范》进行。水电解制氢设备的储氢罐等压力容器在投入使用前或者投入使用后 30 日内,高空气象观测站应当按照《特种设备安全监察条例》第二十一条、第二十五条的要求,向直辖市或者设区的市的特种设备安全监督管理部门登记,领取压力容器使用登记证和登记标志。登记标志应当置于或者附着于该特种设备的显著位置。

新安装或大修后的水电解制氢设备在正式投入使用前,由省、自治区、直辖市气象局组织对制氢设施、场地、人员资质、防雷和防静电等情况进行检查和验收,验收合格后方可投入使用。

6.1.4 维修与维护

(1)制氢设备定期维护

每天检查 SQ 型氢分析仪干燥筒内硼酸和硅胶,发现变色应及时更换。

每半月检查压力报警、温度报警、电接点压力表能否正常工作，氢气泄漏监测设备是否能正常报警，必要时进行维修调整。

每月进行一次压力管路的气密性检查，包括制氢主机、氢气输送管路、储氢罐周边管路、充球管路和阀门。气密性检查后应及时对设备和管路进行清洁维护，电解槽体上不得有尘土、白色碱液及痕迹。每月清洗一次制氢主机碱液过滤器，新安装或刚大修完的制氢主机应半月清洗一次。每月清洁一次电源整流器，电源整流器内部用吹尘器对元器件、电路板等进行清洁处理。

每半年或一年更换压力平衡阀膜片。同时也可以根据使用程度定期检查更换，切不可等损坏了再换。如果发现制氢机工作时压力不断上升，检查增压阀没有内漏时，应该检查压力平衡阀膜片是否损坏。每半年对电解液浓度进行一次检查，使用比重计测量电解液浓度，使用氢氧化钾的浓度为30%±2%。每半年打开储氢罐排污阀至少一次，将储氢罐内积水放出。

每年对制氢机槽体进行清洗，根据电解液清洁情况决定是否更换电解液。每年对SQ型氢分析仪检定或校准。

(2)制氢设备大修

水电解制氢装置在正常使用情况下，按设计要求安全运行六年应进行大修。若使用期间，因工作压力超压，出现水电解槽体极板之间漏液、密封垫片挤出变形等现象，需随时进行大修；若使用期间，因工作温度超温，氢气纯度小于99.7%，且经过更换电解液、清洗电解槽体后，仍无法提高纯度时，应进行大修；在运行过程中，碱液过滤器没有按时清洗，导致电解槽体经过调整、清洗后，反复测试仍有3个以上电解小室电压超过3 V时，需进行大修。制氢设备大修内容、技术指标及检验要求应符合《QDQ2-1型水电解制氢装置大修规范》相关要求。

6.1.5　制氢用氢安全控制

高空气象观测站应按照相关要求和当地实际情况制定制氢用氢工作制度、安全管理制度、责任制度、突发事件处理措施或预案，落实相关责任人，并张贴上墙。

高空气象观测站每月至少进行一次制氢用氢设备自查，将日常使用、定期检验、维修和定期自查情况填写到相应的记录表中。自查和日常维护保养时发现异常情况的，应及时处理，对易损、易老化部件要定期更换。自查制氢设备应由两名以上制氢员进行，自查用氢设备至少一名用氢人员进行。

压力容器(储氢罐、充装气瓶、化学制氢瓶)应当按照《固定式压力容器安全技术监察规程》第8章的要求定期检验，并在安全检验合格有效期内使用。

氢气纯度分析仪器、报警仪表等仪器仪表应按使用说明书规定进行定期检定、校准、检验、检修，并做记录。压力表每半年校验一次，安全阀一般应每年至少校验一次，氢气纯度分析仪器、报警仪表检定周期为1年，压力容器的检验按《固定式压力容器安全技术监察规程》要求执行。

制氢用氢过程中发现事故隐患和其他不安全因素，应按制氢用氢突发事件处理措施或预案立即采取措施。

省、自治区、直辖市气象局业务主管部门每年至少组织一次制氢用氢业务自查、互查或抽查，发现问题及时整改，按照要求组织所辖高空气象观测站制氢设备的大修和更新。

6.1.6 储运氢安全管理

使用气瓶充装氢气须经省级特种设备安全监督管理部门许可，满足《特种设备安全监察条例》要求，方可从事氢气充装活动。气瓶的储存应当符合《气瓶安全技术监察规程》(TSG R0006—2014)、《气象业务氢气作业安全技术规范》等规定。储存氢气场地要满足防爆要求。气瓶的运输要由具备道路危险品运输资质的单位承运，并签订相应的安全责任协议。

搬运储氢瓶时应戴好瓶帽、防震圈，轻装轻卸，严禁抛、滑、滚、碰，避免暴晒，不得与易燃、易爆、腐蚀性物品一起运输或存放。

6.1.7 其他安全要求

高空气象观测站的用氢场地应划定安全区域，制作警示标志，严禁无关人员、车辆等进入安全区域。

进入涉氢场地禁止携带火柴、打火机、无线通信设备，禁止穿化纤工作服、绝缘鞋、有铁钉或铁掌的鞋。制氢用氢人员在工作前应通过触摸接地体等方式释放人体和衣服上的静电。为确保安全，高空气象观测站安全区域内禁止存放、滞留已充灌的氢气球。

使用储氢瓶和购买氢气的台站禁止使用高压钢瓶直接充灌气球，氢气瓶使用时应装减压器，要有消除气瓶静电的措施，气瓶立放时要有防倾倒措施，严禁敲击和碰撞气瓶。瓶体、阀门和连接气瓶或储氢罐的管道等不能沾附油脂或其他可燃物。

储氢室、充球室等用氢场地不得存放可燃物。室内外应配备干粉或二氧化碳灭火器等轻便消防器材，室内设置消防、清洗用水。冬季制氢室内应采取措施防止管道冻结。

6.1.8 突发事件处置

高空气象观测站须制订制氢用氢突发事件应急预案，明确职责和处理流程。

高空气象观测站领导要加强制氢用氢知识学习，了解制氢用氢业务流程，提高制氢用氢突发事件处理能力。制氢用氢出现突发事件时，要靠前指挥，严格按照预案和流程进行处理。出现突发事件需要进行抢修或抢险时，抢修或抢险人员须着防静电服装，携带防爆设备和工具，严禁烟火。严禁在有压力的情况下对储氢罐、氢气管路进行切割、击打、拆卸等作业。压力表为零且检验其没有气体排出时，可以进行拆卸作业。

当出现突发事件时，按以下要求处理：

(1)首先采取有效措施确保人员安全，并迅速上报。

(2)在确保人员安全的前提下，检查电路是否断开，关闭储氢罐、气路、阀门等。无法关闭时，等待其自然排空，再进行下一步检查、抢险。

(3)发生操作人员被电解液烧伤时，应当迅速关闭制氢配电箱电源，按正常程序泄压，并迅速进行自救，用大量清水冲洗，烧伤严重时迅速拨打120急救。

(4)发生人员触电时，应尽力进行自救。其他人员应严格按断电、人工呼吸和心肺复苏、拨打120(送往医院)急救的顺序处置。

(5)充球过程中发生氢气燃烧时，值班员应迅速关闭氢气阀门，在确保人员安全的前提下，使用泡沫或干粉灭火器进行灭火，无法实施灭火时，退出充球室，等火熄灭后，再检查管路，待冷却后，重新充球。当无法关闭氢气阀门时，退出充球室，相关人员迅速撤离，并拨打119报警。

(6)充球过程中发生爆炸时，应尽力进行自救并设法关闭氢气阀门，迅速撤离现场。其他人员应迅速按切断气源、人员搜救、拨打120急救的顺序处置，如果发生难以处置的火灾，应迅速拨打119报警。

(7)电解槽体或输气管路发生燃烧，应迅速采取切断气源、断电措施进行处理，尽力进行自救。其他人员应严格按切断气源、断电、人员搜救、拨打120急救的顺序迅速处置；如果发生难以处置的火灾，应迅速拨打119报警。不宜采取扑灭的办法灭火，以防止扑灭后的氢气和空气混合产生其他严重问题。

(8)储氢罐管路发生燃烧，应通知人员迅速撤离，拨打119报警。

(9)储氢罐发生爆炸，应尽力进行自救。其他人员应严格按拨打119报警、人员搜救、拨打120急救的顺序处置。不应采取扑灭的办法灭火。应隔离人员(30 m以外)，等氢气燃尽，火自然熄灭后再进行处置。

(10)发生制氢室倒塌或房顶预制板断落情况，应按断电、隔离人员进入、人员搜救、拨打120急救的顺序处置；其他可燃物起火，应迅速利用配备的灭火器进行扑灭，必要时拨打119报警。发生难以扑灭的火灾，应迅速拨打119报警。

6.1.9 气象涉氢业务行业标准

QX/T 248—2014 固定式水电解制氢设备监测系统技术要求

QX/T 357—2016 气象业务氢气作业安全技术规范

QX/T 420—2018 气象用固定式水电解制氢系统

6.1.10 相关国家标准和行业规范

GB 4962—2008 氢气使用技术安全规程

GB 7144—1999 气瓶颜色标志

GB 12158—2006 防止静电事故通用导则

GB 14194—2006 永久气体气瓶充装规定

GB 15603—1995 常用化学危险品贮存通则

GB 50016—2014 建筑设计防火规范

GB 50177—2005 氢气站设计规范

GB/T 19774—2005 水电解制氢系统技术要求

TSG 21—2016 固定式压力容器安全技术监察规程

TSG R0006—2014 气瓶安全技术监察规程

TSG R5002—2013 压力容器使用管理规则

TSG R6001—2011 压力容器安全管理人员和操作人员考核大纲

TSG Z6001—2013 特种设备作业人员考核规则

6.2 气象涉气业务安全

6.2.1 人员要求

高压气瓶操作人员要熟练掌握气瓶安全操作知识，为开展检测工作奠定安全基础。气瓶操作人员要具备相关的证书和资格。如《压力容器安全技术监察规定》规定的“中华人民共和国特种设备作业人员操作证”“压力容器开启作业证书”“特种设备检验员证书”等。

要定期开展实验室安全隐患排查工作，加强安全知识学习力度，严格控制“物的不安全环境”和“人的不安全行为”，确保各项工作安全规范进行。为切实加强实验室安全管理工作，提升工作人员安全防护意识，避免安全事故的发生，要经常开展实验室高压气瓶安全使用培训。学习气瓶安全管理制度及气瓶安全使用规则，并现场进行实际演练，针对如何判断气瓶各连接处是否漏气、高压阀压力表数值高低判断等进行模拟操作。

6.2.2 场地与设施

在高压气瓶的储存过程中，储存场所的安全性是至关重要的。高压气瓶应当按照规定的存放标准安全存放。一般来说，高压气瓶存放位置应当符合以下要求：

(1)按照介质分别设有气瓶待检区、不合格区、待充装区、充装合格区，并且采取有效的隔离措施。

(2)具有专供气瓶装卸的场地和专用装卸装置，并且符合有关安全技术规范及相关标准的规定。

(3)具有气瓶专用库房，划分实瓶区和空瓶区，并且设有明显标识。

(4)充装单位的充装作业区域与辅助服务区之间应当设有明显界线，还应当设有人员进入的安全警示标识以及安全须知。

(5)具有可供移动式压力容器检查和装卸的作业场地。

(6)储存场所应当符合建筑安全法规的要求，建筑物应当符合消防法规的要求。

(7)优先选择避免出现火灾的场所存放，如仓库、库房等，同时应当设有消防设施。

(8)应当避免与易燃物品、可燃气体等物质存放在同一房间、储藏室、仓库、壁龛或同样区域。

(9)应当保持存放环境通风良好，不得出现氧气膜、气体积聚、气味浓烈等现象。

6.2.3 设备安装

气瓶柜安装，要选择远离火源，放置在通风良好的地方。气瓶柜须靠墙放置，并调整地脚，使气瓶柜的柜体水平。

气瓶安装，将同类气瓶装入固定架上，检查无误后，把固定带锁紧(以气瓶不摇动为准)，并将相应的气压表牢固地接在气瓶上，将气线从气线孔引出。当气路检查没有问题后，打开气阀，调整到相应的压力值。

6.2.4 维修与维护

(1)高压气瓶的检查

色标检查：高压气瓶在使用前，需按照气瓶外表油漆颜色、字样等正确识别气体种类，切勿误用，以免造成事故。如钢瓶因使用日久后色标脱落，应及时按规定进行漆色，标注气体名称和涂刷横条。

清洁度检查：检查气瓶外观，尤其是要检查瓶口阀是否有锈蚀、污染、变形等。

耐压检查：高压气瓶应当定期进行耐压检查。钢质气瓶的耐压检查一般由气体生产企业负责定期完成，并向用户承诺一定期限高压气瓶的安全责任。因此用户向气体生产企业购买高压气体时，同时获得高压气瓶的租借使用权，如果用户应在规定期限内将气瓶返还厂家，避免气瓶超检，带来经济损失和安全隐患。

(2)高压钢瓶定期检定

实验室各类高压气瓶应按国家要求的检定周期进行检定，并取得检定证书。在气瓶检定有效期届满前一个月，向气瓶检定机构提出定期检定申请，并且送检气瓶。定期检定应由取得检验资质的专门单位负责进行检验。

实验室各类气瓶的检验周期如下表所示。

气瓶品种	介质	检验周期/年
铝制无缝气瓶	空气	3
钢制无缝气瓶	氮气、氦气、氩气等惰性气体	5
钢制无缝气瓶	氩甲烷	3
钢制无缝气瓶	二氧化碳	3
钢制无缝气瓶	混合气体(氦甲烷、氦氧等)	3

此外，气瓶在使用过程中，发现有严重腐蚀、损伤或对其安全可靠性有怀疑时，应提前进行检验。库存和使用时间超过一个检验周期的气瓶，启用前应进行检验。未经检验和检验不合格的气瓶不得使用。

(3)减压阀的安全与检定

必须购买正规厂家带安全阀的减压阀。并对减压阀进行周期性检定，每年一检。

6.2.5 用气安全控制

(1)实验室高压气瓶的使用

实验室高压气瓶使用，应遵守下列规定：气瓶使用前应进行安全状况检查，对盛装气体进行确认；气瓶必须连接减压阀，经降压后，再流出使用，禁止直接开启气瓶阀门使用气体；安装减压阀前检查压力表的量程是否与气瓶的公称压力一致，减压表表针是否完好，表面有无松动、破损，打开气瓶总阀时不要近距离正视高压气瓶压力表；减压阀和气瓶连接处有漏气时，应关闭气瓶总阀后再拧减压阀。易燃气体气瓶，经减压阀后，应装单向阀门，防止回火；气瓶不要和电器电线接触，以免产生电弧，使瓶内气体受热发生危险；移动气瓶时，移动前戴好瓶帽，防止移动过程中因触碰总阀造成危险；气瓶投入使用后，不得对瓶体进行挖补、焊接修理；瓶内气体不得用尽，必须留有剩余压力，即输入气体压力表指压不应为零。在正常使用情况下，高压气瓶的气体使用至 500 psi(磅每平方英寸，1 psi＝6.895 kPa)时，就应当停止使用并更换。

(2)实验室减压阀的使用

减压阀应避免受到撞击或剧烈振动，禁止气瓶不稳固时开启瓶阀，至少保证气瓶靠墙或其他固定物；减压阀不可与有腐蚀物质相接触，使用时检查瓶口与减压阀进出气口是否有油渍或危险品；如发现有油或油渍应停止使用；氧气减压阀应严禁接触油脂，以免发生燃烧及爆炸事故；确认所使用的减压阀调压范围及适用于何种气体，减压阀的许可压力为表头最大压力的 0.6 倍；减压阀不使用时，确认减压阀处于关闭状态，即逆时针无法旋动状态；不同种类气瓶应配专用配套的减压阀。减压阀与气瓶采用半球面连接，靠旋紧螺母使二者完全吻合，应保持两个半球面的光洁，确保良好的气密效果；站在钢瓶出口侧面，慢慢打开瓶阀至完全打开状态，检漏，此时气体进入减压阀高压室。注意开启气瓶阀门时，切不可站在气体减压阀的前面或背面，以及压力表头的前面与背面；缓慢顺时针旋转调节钢瓶阀门，调节低压端压力至合适的压力，并注意确保压力在许可的范围内(低压端表头最大压力的 0.6 倍)；关闭时应先关闭钢瓶阀门，压力排放完全后逆时针转动手柄关闭调压阀，然后再卸下减压阀(严禁在减压阀高压端带压情况下拆卸调压阀)。如不取下减压阀也需要将减压阀中的余气放净，然后拧松调节螺杆，以免弹性元件长久受压变形。

(3)实验室载气气瓶更换

采用多瓶载气并联供气时，分压设置应有 0.1 MPa 的压力差。当主用载气供气时，备用载气因减压阀并联分压显示为主用载气分压，主用载气用完时，分压显示下一级备用载气分压，一般当主用载气减压阀总压力降至 1.0 MPa 时需更换载气瓶。更换气瓶时，首先关闭气瓶的总阀门，此时中断气瓶向减压阀供气，然后将减压阀分压调节旋钮逆时针旋出至自由旋转，此时关闭减压阀向分压供气。将准备换上的气瓶移至要换下的气瓶旁，用大扳手拧松减压阀和气瓶连接处螺丝半圈，然后一只手托住减压阀，另一只手将螺丝完全拧下，将减压阀移到准备换上的气瓶对好拧紧，注意更换减压阀时避免划伤铜锥头。将换下的气瓶戴好安全帽，移到安全的地方，打开换上的气瓶总阀，缓慢顺时针拧动减压阀分压调节旋钮至分压上升到所需压力并检漏。

6.2.6 储运安全管理

(1)高压气瓶储存规定

气瓶的放置地点，不得靠近热源，应距明火 10 m 以外，储存于通风阴凉处，不能过冷、过热或忽冷忽热，使瓶材变质。也不能暴露于日光及一切热源照射下，因为暴露于热力中，瓶壁强度可能减弱，瓶内气体膨胀，压力迅速增长，可能引起爆炸。气瓶放置应整齐，戴好瓶帽。立放时，要妥善放置以防倾倒，要留有通道，宽度不小于1 m，便于检查与搬运；横放时，可水平放在专用的架子上，以防气瓶滚动，气瓶均朝向一方，如果需要堆放，层数不得超过五层。为了使先入库或定期技术检验临近的气瓶预先发出或使用，应尽量将这些气瓶放在一起，并有说明。空瓶与实瓶两者应分开放置，并有明显标志。毒性气体气瓶和瓶内气体相互接触能引起燃烧、爆炸，因此，产生毒物的气瓶，应分室存放，并在附近设置防毒用具和灭火器材。放置房间注意适当通风。

(2)高压气瓶运输规定

高压气瓶的运输，应遵循以下几点：运输工具上应有明显的安全标志；气瓶和包装箱标明气体成分压力。必须配戴好瓶帽，放在特制的包装箱内，轻装轻卸，严禁抛、滑、滚、碰；吊装时，严禁使用电磁超重机和链绳；瓶内气体相互接触能引起燃烧、爆炸，产生毒物的不同类型气瓶，不得同车(厢)运输；易燃、易爆、腐蚀性物品或与瓶内气体起化学反应的物品，不得与气瓶一起运输。

6.2.7 其他安全要求

建立高压气瓶档案和出入库管理制度。气瓶自投入业务周转使用之日起，应单独建档登记。各单位应按照规定填写本单位所保管、使用气瓶的“档案登记表”，每年底将对所有气瓶的“档案登记表”进行汇总。因业务需要将气瓶从一单位运至另一单位时，发送单位须向接收单位提供最近一年的“档案登记表”信息，接收单位在收到标准气瓶后，应建立(更新)本单位的该气瓶“档案登记表”。中国气象局大气成分观测与服务中心负责气瓶“档案登记表”的统一审核、存档，各单位负责本单位的“档案登记表”的存档。

6.2.8 突发事件处置

(1)气瓶事故应急预案

①气瓶受外界火焰威胁时应急措施

当火焰尚未波及气瓶，则立即全力扑火。当火焰已波及气瓶或气瓶已处于火中，为防止气瓶受热爆炸，在气瓶还未过热之前，必须迅速将气瓶移到安全的地方。当无法转移气瓶时，在保证安全距离的前提下，用水龙带或其他方法向气瓶上喷射大量的水进行冷却。如果火焰发自瓶阀，应迅速关闭瓶阀切断气源，若条件不允许，则必须确保气体在受控下燃烧，严防火焰蔓延烧损其他气瓶或设施。

②气瓶发生泄漏事故时应急措施

根据气瓶泄漏部位、泄漏量、泄漏气体性质及其影响和影响范围，确定应采取的应急措施。如果气瓶泄漏不能被就地阻止，又没有除害装置，可根据气体性质，将泄漏的气瓶浸入冷水池或石灰水池中使之吸收。

③气瓶发生大量泄漏事故时应急措施

如果泄漏的是毒性气体，则应令周围的人迅速疏散，同时立即穿戴防护用具进行妥善处置。可燃气体泄漏时，除迅速处置外，还应做好各项灭火准备。为处置事故和进行抢救，除忌水的气瓶外，应向气瓶特别是发生事故的气瓶上喷水冷却。

(2)具体岗位应急预案措施

气瓶充装岗位应急预案如下：发现超压，应及时打开相邻的汇流排控制阀或打开超压汇流排的放空阀，使压力恢复正常。若单只气瓶瓶阀在灌装中着火(或倒瓶砸断导管)应关闭相应的汇流排后阀门，卸下气瓶另行处理。若数只气瓶在同一汇流排中着火，立即停液泵，关闭相应的控制阀，打开放空，组织人力进行扑救。在保证人身安全的情况下将气瓶关好，防止蔓延，并进行人员疏散。新机组紧急事故通知充装岗位后，应立即关闭相应的主管道控制阀或汇流排控制阀。发生事故后要及时采取得力的处理措施，并按事故汇报程序逐级上报，保护现场和组织抢救。

(3)其他相关气瓶应急处理

①乙炔气瓶着火或回火的应急处理

迅速关闭乙炔气瓶的阀门；拧下连接仪表，然后打开瓶阀，如果此时乙炔不再着火，阀门不再逸出带烟或有异味气体，即可继续工作。工作时瓶壁不得有温度上升现象(用手反复测试)，如果发现重新着火或其他情况，说明乙炔还在继续分解；如果乙炔着火后，无法关闭气瓶阀门时要迅速灭火。乙炔气灭火只能使用干粉式灭火和带喷嘴的二氧化碳灭火器，不准使用四氯化碳灭火；对快开始分解的气瓶，如瓶体外部的温度已升高，以至无法用手接触，不得搬动，应采取用凉水连续冷却气瓶的方法进行处理。待火焰扑灭后，手可以接触瓶体时，应立即将正在分解的气瓶运到室外。如不能将气瓶运到室外，而气瓶内未用完的气体仍在外逸，应尽快清除周围火源(如火炉、烟火等)并打开门窗通风，防止室内发生爆炸。

②氮气泄漏应急处理

发生泄漏时，现场工作人员应迅速撤离泄漏污染区，切断气源，处理泄漏事故人员戴自给正压式呼吸器，处理液氮应佩戴防冻护具。若气瓶泄漏而无法堵漏时，将气瓶移至空旷安全处放空。

对接触或吸入了氮气的工作人员应按以下方法进行防护处理。

皮肤接触：接触液氮，可形成冻伤。用水冲洗患处，就医。眼睛接触：液氮溅入眼内，可引起炎症，翻开眼睑用水冲洗，就医。吸入：将患者移至空气新鲜处。呼吸停止:施行人工呼吸,心跳停止,施行心肺复苏术,就医。

6.2.9 相关强制性安全法规和部门规章

特种设备安全监察条例(2009 年国务院令第 373 号)

气瓶安全监察规定(2003 年国家质量监督检验检疫总局令第 46 号)

6.2.10 相关国家标准和行业规范

在用压力容器检验规程

溶解乙炔气瓶安全监察规程

压力容器产品安全质量监督检验规则

气瓶产品安全质量监督检验规则

GB 150.2—2011 压力容器 第 2 部分:材料

GB/T 15382—2021 气瓶阀通用技术要求

JB 4730—1994 压力容器无损检测

TSG 21—2016 固定式压力容器安全技术监察规程

6.3 气象观测铁塔安全

6.3.1 人员要求

维护单位应严格落实高处作业人员持证上岗制度,配备高处作业安全防护器具,按照国家相关规范规程、标准开展气象观测铁塔(简称气象铁塔或铁塔)安全维护等高处作业。

6.3.2 建设和撤销

气象观测铁塔建设设计、审批和施工验收应与气象部门工程、项目建设同步进行。气象观测铁塔建设按照制定方案、申请报批、审查批复、施工验收的程序做好审批建设工作。气象观测铁塔验收通过后方可投入使用。建设单位应严格遵照有关铁塔建设技术标准进行设计和施工,明确使用寿命和防雷技术要求,并结合当地实际情况适当提高气象观测铁塔的抗风、抗震、防冻、防腐蚀等设计建设标准。气象观测铁塔完成验收、投入业务运行时,建设单位应当与后续维护单位做好交接,移交相关档案文件资料,并明确各单位的职责。

气象观测铁塔迁移、重建和撤销应由建设单位提出申请,相关省(区、市)气象局(或国家级业务单位)组织对气象观测铁塔运行状况和观测资料需求、应用效益情况等进行评估,商资料应用部门后审批,并报相关职能部门备案后实施。

气象观测铁塔迁移、重建、撤销备案包括以下材料:

(1)铁塔重建设计方案或迁移、撤销工作方案；

(2)综合检查和应用效益评估意见；

(3)其他相关材料。

出现下列情况之一的，可申请重建气象观测铁塔：

(1)已发生铁塔倒塌(或折断)事故，或铁塔存在重大安全隐患，需要重新建设的；

(2)铁塔运行时间超过设计寿命，确需继续使用的；

(3)其他需要重建的情形。

确需继续在该区域建设、使用气象观测铁塔，出现下列情况之一的，可申请迁移气象观测铁塔：

(1)出现上述情况之一，但原址不适宜建设的；

(2)铁塔所在地区因社会经济建设、城乡规划变更确需迁移的；

(3)气象观测铁塔毗邻人群居住、劳动或经常性出入地及附近区域，对周边建筑物、道路、电力、通信等基础设施存在明显安全隐患的；

(4)观测铁塔处于比较险要的位置，可能威胁巡视维护人员人身安全的；

(5)其他需要迁移的情形。

经评估分析，观测资料应用价值不高或无资料应用需求，出现下列情况之一的，可申请撤销气象观测铁塔：

(1)已发生铁塔倒塌或折断事故的；

(2)运行时间超过设计寿命或经评估确认铁塔存在重大安全隐患的；

(3)已退出观测业务或不再承担气象科学研究任务；

(4)其他需要撤销的情形。

6.3.3　运行管理

气象铁塔的维护单位应建立台账制度、巡检制度、维护制度等并开展巡检和维护，台账、巡检和年维护情况应及时报业务管理部门。气象铁塔维护单位应建立铁塔安全生产管理台账，包括运行年限、设计寿命、当前状况、责任单位、责任人及联系方式等。对于未达到使用寿命的、运行情况良好的气象观测铁塔，维护单位应至少每季度巡检一次铁塔。对于超出使用寿命或运行时间较长，塔体存在锈蚀、倾斜等状况，或位于地质灾害隐患点及其周边区域的铁塔应至少每周巡检一次，并填写记录。巡检过程中发现的铁塔故障问题，维护单位应及时做好维修工作并采取安全防范措施。台风、寒潮、大风、暴雨、雷电、低温雨雪冰冻等气象灾害和地震、山体滑坡、泥石流等地质灾害发生后，维护单位应及时巡检铁塔安全情况。

维护单位每年汛前应对观测铁塔开展一次全面检查维护，对防雷设施进行检测，根据检查情况及时进行大修。铁塔维修完成后应填写并上报维修记录。

在以观测铁塔高度为半径范围内划定为危险区域，并设立警告标志，严格控制非业务人员接触气象观测铁塔。每个铁塔应挂铭牌，标注建设时间、责任单位、责任人、联系方式等。采取社会化保障方式开展铁塔维护的，应明确铁塔维护内容和相关安全责任要求，定期监督检查。风能资源专业观测网建设的测风塔管理应按照《风能观测网运行管理暂行规定》(气发〔2009〕467 号)要求做好业务运行工作。

6.3.4 应急处置

气象观测铁塔出现安全隐患，维护单位应立即划定危险区域，必要时拉警戒线，安排专人看护，迅速组织维修，在一周内排除安全隐患，严禁“带病”运行。气象观测铁塔发生倒塌或折断事故的，相关省(区、市)气象局应立即启动应急预案，按照《重大突发事件信息报送标准和处理办法实施细则》及时报送有关情况，采取有效处置措施做好善后事宜，并在事故处置完成后一周内将情况上报相关职能部门。

6.3.5 气象铁塔相关安全要求

气象观测铁塔管理按照“谁审批谁负责、谁建设谁负责、属地化管理”原则，实行业务备案制度。气象观测铁塔的维护单位(气象台站或省、市级装备保障部门等单位)负责本行政区域内气象观测铁塔的业务运行、维护维修、安全巡视和隐患处置等工作。采取租赁、借用等形式在外部门或单位建设的铁塔上开展气象观测的，应与铁塔的产权归属单位协商确定铁塔维护责任主体。

6.3.6 铁塔相关安全法规和技术标准

中华人民共和国安全生产法

中华人民共和国行政许可法

特种作业人员安全技术培训考核管理规定(国家安全生产监督管理总局令第30 号)

GB 2811—2007　安全帽

GB 6095—2009　安全带

GB 19155—2003　高处作业吊篮

GB 23525—2009　座板式单人吊具悬吊作业安全技术规范

GB/T 3608—2008　高处作业分级

GB/T 6096—2009　安全带测试方法

JGJ 80—1991　建筑施工高处作业安全技术规范

JGJ 147—2004　建筑拆除工程安全技术规范

6.3.7　其他相关国家标准和行业规范

GB 50009—2012　建筑结构荷载规范

GB 50011—2010　建筑抗震设计规范(2016 年版)

GB 50017—2017　钢结构设计标准

GB 50068—2018　建筑结构可靠性设计统一标准

GB 50135—2019　高耸结构设计标准

GB 50191—2012　构筑物抗震设计规范

GB 50205—2020　钢结构工程施工质量验收规范

GB 50689—2011　通信局(站)防雷与接地工程设计规范

YD/T 5131—2019　移动通信工程钢塔桅结构设计规范

YD/T 5132—2021　移动通信工程钢塔桅结构验收规范

CECS 80:2006　塔桅钢结构工程施工质量验收规程

CECS 236:2008　钢结构单管通信塔技术规程

Q/ZTT 1001—2015　中国铁塔股份有限公司通信铁塔技术要求 V1.1

第 7 章　机房环境安全

机房主要是指网络机房、应用机房、监控机房等。网络机房是用于搭建和维护网络的设备，如内外网交换机机房、路由器机房、接入互联网机房等；应用机房是用于运行各种应用软件的设备，如应用服务器机房、数据库机房等；监控机房是用于放置网络管理与监控设备的设备，如流量监控机、网络安全监控机等。各单位应按照国家标准《电子信息系统机房设计规范》(GB 50174—2008)进行机房建造，安排人员做好日常管理工作。

7.1　机房安全管理基本原则

机房的安全管理，应坚持“安全第一、预防为主、综合治理”的原则，遵守有关安全生产的法律、法规和规章制度，明确安全管理责任，完善安全生产条件，有效预防和处置生产安全事故、自然灾害等突发事件。机房的安全生产管理基本原则如下：

(1)先人后物。机房安全生产首先保证人员安全，在此前提下保障机房内的各种设施设备安全。

(2)先整体后局部。机房发生生产安全事件时，机房内影响设备和数据的整体安全要素的保障级别优先于影响局部设备或数据安全的要素。

机房的建筑设计、施工质量必须符合国家建设工程强制性技术标准，并依法通过有管辖权的政府相关主管部门进行设计审核和竣工验收。未经有管辖权的政府相关主管部门验收或验收不合格的，禁止投入使用。

机房内各类安全设施的配置应执行本规定，并符合国家现行有关标准和规范的要求。

7.2　安全管理工作职责

各级气象部门的主要负责人是机房安全生产的第一责任人，分管机房部门领导对机房的安全管理工作负领导责任。

本单位各部门应按照管理职责分工，履行工作范围内的安全管理职责，并承担相应的安全管理责任。

机房内的所有工作人员应严格遵守国家法律法规、规定及本单位各级安全管理规章制度，正确执行本岗位安全生产操作规程，服从安全生产管理，正确使用劳动保护用品，对本岗位的安全生产负直接责任。

7.3　消防安全管理

7.3.1　消防设施管理

用于机房火灾自动报警系统、自动灭火系统、消火栓系统、防排烟系统、应急广播和应急照明系统、安全疏散标志等消防设施、消防产品，质量应符合国家标准或行业标准。

机房消防设施自投入使用后应保证其处于正常运行和监控工作状态，不得擅自断电、停运或长期故障工作。任何单位、个人不得损坏、挪用或者擅自拆除、停用消防设施，不得埋压、圈占、遮挡消火栓或占用防火间距。

配备有气体灭火系统的空间场所（含灭火气体储瓶间），宜配置正压式空气呼吸器（或氧气呼吸器），每个独立空间宜设两套。

机房消防设施应按国家有关法律法规规定执行消防设施维护保养工作，确保消防设施的完好有效和正常运行。

7.3.2　消防系统安全管理要求

机房内禁止擅自存放和使用易燃易爆物品，使用后的抹布、棉纱、手套等物品，用后应随时存放在箱内或放在室外安全地点，不得乱扔、乱放。机房内严禁吸烟或携带打火机。未经单位防火负责人同意，机房内严禁擅自动用明火；当现场需要进行电加热、喷枪加热、电焊、气体切割焊等作业前，除提前向本单位有关业务部门做好明火作业审批外，还应做好有效的防火措施。

机房应配有消防专员或者委托消防安全机构委派技术服务人员，定期对机房内的消防设施系统进行检查、检测。

机房内应配备微型消防站，并在各防火疏散通道、人员常驻办公区或其他设防区内严格执行消防法律法规，落实过滤式自救呼吸面罩、消防斧、灭火毯等人员防护工器具。

设立定期巡检机制，定期检查消防设施，形成文字记录并归档管理；若检查发现过期或失效设施设备，应及时上报本单位相关部门进行更换。

不允许在机房内擅自搭接电源，不得违规使用超大负荷电器。

机房管理及维护人员应熟悉机房内部消防安全操作规程，了解消防设备操作原理、掌握消防应急处理步骤、措施和要领以及灭火器的正确使用方法。

每一班最后离开机房的工作人员，应检查消防设备是否完好。

7.3.3 建筑装修及可燃物品管理

信息机房、支撑系统用房、柴油发电机房、高低压配电机房、变压器室、消防监控室内的办公家具、窗帘等应为不燃或难燃材料；消防水泵房、排烟机房、气体灭火系统钢瓶间、通风和空调机房内不应放置办公家具。

信息机房、支撑系统用房、柴油发电机房、高低压配电机房等生产信息机房内严禁设置备品备件库；机房内存放施工材料应设置专门区域；电气设备水平距离1 m范围内不得放置任何施工材料。

机房内的工程施工余留物应及时清理，机房内应定期进行清扫(含电缆竖井内、防静电地板下和电缆槽道内空间)，及时清除与生产无关的各类物品。

机房楼所在的园区内禁止燃放烟花爆竹，机房楼内禁止吸烟。

7.3.4 安全疏散

机房内的下列部位应设置消防应急照明灯具：

(1)疏散走道、疏散楼梯间。

(2)信息机房、支撑系统用房。

(3)报告厅、会议厅、多功能厅、餐厅。

(4)消防控制室、消防水泵房、柴油发电机房、高低压配电机房、防烟和排烟机房以及发生火灾时仍需正常工作的其他房间。

机房应按相关要求沿机房内的疏散路线、疏散走道和在安全出口、疏散门的正上方设置疏散指示标志。

疏散通道和安全出口应保持畅通。任何单位和个人不得占用、堵塞、封闭疏散通道和安全出口，机房楼内的门、窗处不得放置影响逃生和灭火救援的障碍物。

7.4 用电安全管理

7.4.1 用电安全管理要求

7.4.1.1 通用要求

(1)机房用电与其他性质用电分离。

(2)机房内应关闭已停用或已退网的设备电源。

(3)科学配置空调,保证设备通风散热,高效利用空调。

(4)机房所有高压电力线、低压电力线和信号线进行三线分离。

(5)机房内应使用阻燃型线缆,避免布线出现接头。

(6)机房内严禁私接、乱接电源。

(7)各动力设备房及设备要有用电安全警示性标识和防护措施。

(8)各类设备输入、输出线缆及各类地线要有明确标识。

7.4.1.2 一般交流用电安全管理要求

(1)所有交流电源线路严禁存在"大开关小线径"现象。

(2)各专业机房设备增容和临时用电应经维护相关部门或专业运维外包技术团队(如有)核定容量,经相关部门和信息技术部批准后方可实施。

(3)所有交流电源开关处应贴有明确的输出标签。

(4)遵守不间断交流用电管理规定。

(5)对UPS(Uninterruptible Power System,不间断电源)配电设备、电源复接板、插座等要特别标识"UPS电源"。禁止在不间断交流电源输出端接入非保证用电设备。

(6)用电设备需要不间断交流供电时,应经维护相关部门或专业运维外包技术团队(如有)核定,经相关部门和信息技术部批准后方可使用。

7.4.1.3 直流用电安全管理要求

(1)各专业机房设备增容和临时用电应经维护相关部门或专业运维外包技术团队(如有)核定容量,经相关部门批准后方可实施。

(2)所有电源开关、熔断器处应贴有明确的标识。

7.4.2 电气设备和线路

信息机房、支撑系统用房、柴油发电机房和高低压配电机房内的照明灯具不得设置在走线架和设备机柜正上方;不得使用碘钨灯等高热光源灯具;灯具与电源线和设备之间的距离应大于0.3 m。

(1)不得使用铜线、铝线等代替保护电器。

(2)信息机柜电源应采用精密配电柜(列头柜)加信息机柜内断路器的组合配电;严禁使用信息机柜内电源为临时外接用电设备供电,禁止信息设备跨机柜取电。

(3)各类生产信息机房内严禁使用电炉、取暖器、微波炉等电热器具。

7.5 信息机房环境和设施设备安全管理

7.5.1 信息机房环境

对有人值守的信息机房须保证机房内有足够新风量，机房内人员空间与设备空间应有相应的隔离。

信息机房内环境应满足按机房环境分类的温度和湿度要求。信息机房内温度根据冷通道封闭或者热通道封闭区别对待。可采用取回风口温度或者采用机房通道内 1.5 m 高度的平均温度。信息机房内温度应满足机房环境规定，一般情况下为 23±1 ℃；机房内相对湿度应满足机房环境规定，一般情况下为 50%±5%。

信息机房、高低压配电室、变压器室内应设置必要的防虫、防鼠设施，防止虫、鼠对机房内设备、线路造成损害，甚至引起电气火灾。

机房产生的噪声在城市区域内的最大影响应不超过《城市区域环境噪声标准》(GB 3096—1993)的规定值。

7.5.2 设施设备安全管理总体要求

设施设备应贴有标识，内容应包括设施设备名称、编号、负责人、启用时间等信息，主要设备应在现场放置操作说明资料。

应保持现用、备用或停用的设施设备的机件、部件和技术资料完整，不准任意更改设施设备的结构、电路或拆用部件。

需要更改设施设备的结构、电路性能等要素时，应拟订方案，经主要责任人同意后报上级主管部门审批。未经批准，不得更改。设施设备的结构、性能变更后，应经过试运行，由本单位负责部门组织技术鉴定，合格后方可投入使用。相关更改资料应及时登记入档。

对于已超过有效使用年限的设施设备，经过检测评估，性能仍然良好者并满足运行质量要求，具有使用价值的，经过设施设备管理部门批准，可继续使用，但应适当缩短维护和检测周期。性能指标达不到要求的设备，经维修达不到运行质量要求时须提出更新计划，同时设备应坚决报废和退网。

对于故障率高、造成运行维护成本过高或影响生产运行安全的设备，经设备管理部门审批，可提前报废。

7.5.3 动力设施设备安全管理要求

动力设施设备管理基本原则是要保持所有在用动力系统设备处于完好状态。基本要求如下：

(1)设备各项性能良好,满足使用要求。

(2)电气指标符合标准。

(3)设备运行稳定、安全、可靠。

(4)技术资料、原始记录齐全。

交流高、低压变配电设备,直流配电设备,整流器,UPS,发电机组,空调设备应满足《通信局(站)电源、空调及环境集中监控管理系统》(YD/T 1363—2005)要求,具有标准的通信接口,提供通信协议,便于对电源、空调等设备集中监控和管理。

停电检修时,应先停低压,后停高压;先断负荷开关,后断隔离开关。送电顺序则相反。切断电源后,三相相线上均应接地线。

对于机房自维的高压线路,每年要全线路检查一次供电线路情况,并重点检查避雷线及其接地状况,发现问题及时处理。

定期对低压配电设备进行巡视、检查。

7.5.4 UPS设备安全生产管理要求

UPS设备在生产过程中应达到如下要求:

(1)UPS供电系统的输入回路应采用双电源输入,以避免单点故障,UPS供电系统的主路输入(整流器输入)和静态旁路的输入应分别引自不同的输入开关,多台UPS并联的旁路电源必须来自同一路市电。

(2)UPS输入、输出交流电缆应选用四芯同截面的阻燃铜电缆。

(3)输入总电流谐波含量(THDI)应小于5%(满载)。

(4)进行功率检测,不达标时需进行更换。

(5)UPS单机负荷率不宜超过80%。

(6)UPS主机现场应放置操作指南,指导现场操作。

(7)UPS的各项参数设置信息应全面记录、妥善归档保存并及时更新。

(8)检查各种自动、告警和保护功能是否正常.

(9)定期检查主机、电池及配电部分引线及端子的接触情况,检查馈电母线、电缆及软连接头等各连接部位的连接是否可靠,并测量压降和温升。

(10)经常检查设备的工作和故障指示是否正常。

(11)定期查看设备监控面板各项参数数据,对UPS输入输出进行测试,发现异常及时处理。

(12)定期检查UPS各主要模块和交、直流电容的运行温度,风扇运行是否正常。

(13)保持机器清洁,定期清洁散热风口、风扇及滤网。

(14)定期进行 UPS 电池组带载测试。

(15)UPS 应使用开放式电池架,以利于蓄电池的运行及维护,UPS 系统的蓄电池架(柜)应接地。

7.5.5 空调设备安全生产管理要求

定期清洁各种空调设备表面,保持空调设备表面无积尘、无油污。设备应有专用的供电线路,供电质量应符合相关要求。

设备应有良好的保护接地,与机房内的联合接地有可靠连接。

空调室外机电源线室外部分穿放的保护套管及室外电源端子板、压力开关、温湿度传感器等的防水防晒措施应完好。

空调的进、出水管应在室内外隔离,布放路由应尽量远离机房通信设备;定期检查管路接头处安装的水浸告警传感器是否完好有效;管路和制冷管道均应畅通,无渗漏、堵塞现象。

空调系统应能按要求调节室内温度、湿度,并能长期稳定工作;有可靠的报警和自动保护功能、来电自动启动功能。

定期对空调系统进行工况检查,及时掌握系统各主要设备的性能、指标,并对空调系统设备进行有针对性的整修和调测,保证系统运行稳定可靠。

每年对机房专用空调系统应进行一次工况测试,及时掌握系统各主要部件的性能,并对空调设备进行一次有针对性的检修和调整,保证系统运行稳定可靠。

7.5.6 防雷接地系统安全生产管理要求

机房楼的防雷接地系统包括地网、避雷针(避雷带)、动力系统防雷、监控系统防雷、信息机房接地汇集体和连接线。

机房的防雷系统设计应符合《建筑物电子信息系统防雷技术规范》(GB 50343—2012)相关规定。

防雷设备的维护主要要求是维持防雷设备指示正常、无发热异常现象。接地装置和避雷针的维护主要要求是维持焊接质量稳定可靠、连接牢固有效,能承受大电流冲击。

定期检查变配电系统的多级防雷装置是否工作正常,检查所有防雷器(箱)外的断路开关(或空气开关)是否工作正常,检查第一级防雷器各类告警指示是否正常,开关电源内部的第二级防雷模块失效告警是否正常。

雷雨季节里,应加强对变配电系统各级防雷装置的巡检工作。

7.5.7 动力及环境监控系统安全生产管理要求

动力及环境集中监控系统可以实现对分布的各个独立的电源系统、空调系统和系统内的各个动力系统设备、机房环境进行遥测、遥信、遥控，实时监视系统和设备的运行状态，记录和处理相关数据，及时传送告警信号、信息，从而实现机房的少人或无人值守，以及电源、空调的集中监控维护管理，提高供电系统、空调系统的可靠性和通信设备的安全性。

监控中心服务器、监控主机和配套设备应安装在环境良好的房间，室内应有防静电措施及空调。

监控中心服务器、监控主机和配套设备应由不间断电源供电，交流电压的变化范围应在额定值的－5％～＋5％内；直流电压的变化范围应在额定值的－15％～＋20％内。

分析每天的各种告警数据报表、历史数据报表和参数曲线，结合月、季的阶段汇总报表，了解设备运行情况，制定相应的设备维护计划。

日常值班人员应对系统终端发出的各种声光告警，立即做出反应。对于一般告警，可以记录下来，进一步观察；对于紧急告警，应通知维护人员处理，如涉及设备停止运行或出现严重故障，影响机房的正常运行，应立即通知维护人员抢修，并按规定及时上报。对于部分需现场确认恢复的告警信息，应由现场值守人员或专人确认恢复。

每月对监控系统做好巡检记录。

历史数据保存的期限可根据实际情况自行确定，至少5年。

7.6 安全管理制度

7.6.1 机房安全管理制度

机房安全管理制度应包括值班和交接班制度、维护作业计划制度、保卫及防火制度、安全保密制度等。按照指导实际的原则，值班和交接班制度、安全保密制度、机房防火防汛等应急处理流程应张贴上墙。

机房实行封闭式管理。机房工作人员进出所管理的机房时，需佩戴出入证。在机房进行电力等相关操作的人员，需佩戴或出示电工证等相关证件，否则不能允许进行相关操作。

凡外部人员进入机房应持有有关部门的批准证明，进入机房应经机房管理部门批准后，履行入室登记手续并由相关人员陪同。

外来人员在机房现场不得随意翻阅机房资料及拍照、录像。未经上级批准，外来人员不得接触与保密数据有关的文件、资料、磁带、磁盘、光盘等。

所有维护和管理人员，均应熟悉并严格执行安全保密规定。各级管理人员应加强对维护人员的安全保密教育，并定期检查，发现问题应及时整改。

机房维护人员和值班人员要严格遵守安全制度，认真执行用电、防火的规定，做好防火、防盗、防爆、防雷、防冻、防潮等工作，确保设备和人身的安全。

在维护、测试、搬运、故障处理、日常操作以及工程施工等工作中，应采取预防措施，防止造成生产安全事故。

各机房应设置兼职（专职）安全员，并明确各设备的安全管理责任人。

机房内严禁堆放汽油、酒精等易燃易爆物品。出入机房及机房楼层间的光（电）缆槽道和竖井要按防火要求封堵隔离。严禁在机房内大面积使用化学溶剂。

综合值守人员应经过专业培训，具备综合值守能力。综合值守人员及门卫应接受适当的消防培训。

机房内应有紧急故障处理及火灾紧急疏散流程图，以及相关联系电话等，且资料齐全。维护人员应理解紧急故障处理流程图内容，并且按照规定执行。

机房内应具备紧急通信手段，保证紧急情况下的对外正常联系。

7.6.2 值班制度

（1）机房实行 7×24 小时值班制。

（2）值班人员应坚守值班岗位，认真完成相关作业计划、严格执行操作规程，及时、准确、完整地填写值班日志和各种规定的记录文档，按规定进行交接班，不做与值班无关的事。

（3）未经上岗考核或考核不合格的人员，不得单独承担值班工作和独立操作。

（4）保持生产现场整洁，不应将与生产无关的物品带入机房。

（5）遵守故障处理规定，发现异常时应准确、迅速处理，并立即上报，不应以任何理由和借口推诿故障处理工作、拖延故障处理时间；严禁任意关闭告警信号和删除告警。

（6）严格遵守通信纪律和安全保密制度。

（7）不得任意关闭设备告警，不得人为切断和私人占用业务电话或用户电话。

（8）当有两人以上同时值班时，应指定一人为值班长，负责值班期间的全面工作。

7.6.3 巡检制度

对机房进行巡检，是确保运行维护工作有效开展、保证机房运行质量的重要措施；运行维护人员应根据维护作业计划，对所维护的设备定期进行预防性巡检，维护人员在巡检中应认真负责，及时发现问题，重点检查处于恶劣环境下、存在故障隐患的设备，巡检要认真进行记录。

在巡检工作中，各级运行维护部门应认真负责，如实反映工作情况和运行质量，严禁提供虚假信息和数据。

对于巡检结果，各级运行维护部门要组织分析，对于发现的重要问题和先进经验应及时总结和通报，促进共同提高。

7.7　风险预防与应急处置

机房内的工作人员应掌握和具备以下安全知识和技能：

(1)熟悉本岗位安全操作规程，熟悉有关生产设备和仪器仪表的正确操作方法，熟悉机房的出入管理和财物管理制度要求。

(2)了解本岗位工作流程和工作环境中的危险源，懂得预防火灾、爆炸、触电等生产安全事故的措施，能及时发现生产安全事故隐患。

(3)懂得火灾扑救的方法和保护火灾现场，能正确使用灭火器材扑救初期火灾、会报警；会正确使用劳动防护用品。

(4)熟悉应急疏散流程和疏散路线，能够组织引导人员有序疏散，会使用过滤式自救呼吸器。

(5)掌握触电、烧伤、烫伤、扭伤、出血、休克等常见急症的现场急救基本知识和技能。

(6)其他应掌握的安全常识。

相关部门应按以下要求定期开展生产安全事故隐患排查治理工作，并做好检查记录：

(1)每日进行防火巡查，查看用火、用电有无违章情况；安全出口、疏散通道是否畅通，安全疏散指示标志、应急照明是否完好；消防设施、器材和消防安全标志是否在位、完整；常闭式防火门是否处于关闭状态，防火卷帘下是否堆放物品影响使用。及时纠正违章行为，妥善处置火灾危险，无法当场处置的，应当立即报告。发现初起火灾应当立即报警并及时扑救。

(2)每日对机房的主要通道、道路和重点部位开展巡查并做好巡查记录，及时发现和消除隐患，每日巡查次数不少于两次。

(3)每季度至少开展一次对机房的全面安全检查。

(4)对检查发现的安全隐患，应在规定的时限内完成整改。

若发生火灾、人身伤害等生产安全事故，水灾、地震等自然灾害，按相关《应急预案》执行。

发生生产安全事故、自然灾害时，应首先疏散人员、抢救伤员，在条件允许的情况下方可开展现场抢险救灾工作。

发生生产安全事故、自然灾害时，应按照国家、地方以及部门有关规定及时如实报告事件情况，不得瞒报、谎报或拖延不报，不得故意破坏事故现场，毁灭有关证据。

定期组织机房楼生产安全事故、自然灾害应急预案的演练，增强安全危机事件的抢险救援和处理危机事件的能力，每年演练不应少于一次。

7.8 与安全设施配置相关的国家标准和规范目录

序号	安全设施项目	国家有关规范和标准
1	建筑防火设计	《建筑设计防火规范》(GB 50016—2014)
2	疏散指示标志	《消防安全标志》(GB 13495—2015) 《消防安全标志设置要求》(GB 15630—1995)
3	消防应急照明系统	《消防应急照明和疏散指示系统》(GB 17945—2024)
4	防火门	《防火门》(GB 12955—2008)
5	安全防范设施	《安全防范工程技术规范》(GB 50348—2004) 《公用电信设施保护安全等级要求》(YD/T 2664—2024)
6	电信互联网机房(IDC)安全生产管理	《电信互联网数据中心(IDC)安全生产管理要求》(YD/T 2949—2015)

第 8 章 内部公共安全生产

8.1 总体要求

气象部门以习近平总书记对做好安全生产工作的系列重要论述和重要指示精神为指导，按照党中央、国务院关于安全生产工作决策部署，认真落实中国气象局党组安全生产工作要求，坚持“人民至上、生命至上”，加强单位消防安全、交通安全、施工安全、用电安全、用水安全、食堂安全、房屋安全、地下空间安全等方面内部安全管理，遵守安全生产法律法规和安全生产管理的基本要求及相应的技术规范，以高度负责的精神，认真细致抓好安全生产工作，推动落实全员安全生产责任制，实现气象部门高质量高水平安全发展。

8.2 消防安全

消防安全管理工作，要严格按照《中华人民共和国消防法》（中华人民共和国主席令第六号）、《机关、团体、企业、事业单位消防安全管理规定》（中华人民共和国公安部令第 61 号）相关规定和各类消防技术规范开展，重点做好以下工作。

8.2.1 制度建设

各单位根据实际，建立健全各项消防安全制度和保障消防安全的操作规程，制定灭火和应急疏散预案，并公布执行；确定本单位重点防火部位，建立防火和消防器材配备档案。单位消防安全制度主要包括以下内容：消防安全教育、培训，消防巡查、检查，安全疏散设施管理，消防（控制室）值班，消防设施、器材维护管理，火灾隐患整改，用火、用电安全管理，易燃易爆危险物品和场所防火防爆，专职和义务消防队的组织管理，灭火和应急疏散预案演练，燃气和电气设备的检查和管理（包括防雷、防静电），消防安全工作考评和奖惩，其他必要的消防安全内容。

8.2.2 教育培训

各单位应建立消防安全培训机制，每年最少组织一次消防安全专项培训，组织干部职工学习消防安全常识，掌握常用消防器材使用方法，了解火场逃生技巧，并将培训情况建档立卡；定期组织消防安全责任人、消防安全管理人和消防控制室值班员参加专业机构的消防培训，提高消防管理水平；经常性开展消防安全宣传教育，提高干部职工的消防安全意识，实现“四懂、四会”的消防能力。

8.2.3 巡查检查

各单位应建立消防岗位自查、定期巡查和定期检查制度。建立规章制度，对单位职工履行岗位消防安全职责进行明确，引导教育职工遵守消防安全制度和消防安全操作规程，熟悉本岗位火灾危险性，掌握火灾防范措施，定期对职责范围内的相关内容进行消防检查。消防安全重点单位应当进行每日消防巡查，对消防检查中发现的隐患，及时处理。每季度应最少组织一次消防检查，消防检查应当作出书面记录，并由检查人员签字确认后归入单位消防档案。对消防检查中发现的隐患，责令相关单位、部门按照安全问题整治流程开展整改。

8.2.4 设施管理

各单位应统一在人员密集场所建设火灾烟感和监控系统，建设集约的消防控制室并实行 24 小时值班制度。单位内部应按照划分的管理区域，配备常用消防器材和设施，实行“谁主管、谁负责”的原则，使消防设施器材经常处于良好备用状态。设有建筑自动消防设施的单位，除必须落实日常检查维修保养制度外，还应当与具备维修保养资格的企业签订检测、维修保养合同，并委托其至少每 12 个月进行一次检查测试和维修保养，检测记录应当完整准确，存档备案。

8.2.5 应急演练

各单位应按照本单位重大安全突发事件处置预案，每年最少组织一次消防应急演练，提高干部职工火灾防范意识，普及火灾常识，强化干部职工扑救初起火灾、火场逃生自救和有序组织火场撤离等技能实践，检验本单位重要消防设施运转情况。应急演练根据应急救援工作需要，制定应急演练计划和方案，明确应急演练种类、范围、目标、时间、参加人员、评审人员等具体内容和要求，设置场景，开展现场处置、人员救护、人员疏散等科目。演练结束后，应对当次演练进行点评，及时发现存在的问题，并对预案进行修订。

8.2.6 队伍建设

各单位依据安全生产实际和单位规模、面临的风险和应对突发事件的类型等特点，充分利用和整合现有资源，着力建设一支符合实际需求的专兼职相结合的义务消防员队伍，定期组织开展业务学习，定期组织灭火技能和组织人员撤离训练，结合消防器材维护检查，有计划地对义务消防员进行轮训，使每个人都具有实际操作技能。

8.3 交通安全

交通安全管理工作，要严格遵循《中华人民共和国道路交通安全法》（中华人民共和国主席令第四十七号）和《中华人民共和国道路交通安全法实施条例》（中华人民共和国国务院令第405号）和各种交通安全管理规章制度，坚持安全第一、预防为主、教育与防范相结合的方针，实行逐级监督、分级管理、各负其责的原则，逐级落实安全责任制，重点做好以下工作。

8.3.1 交通安全责任

各单位主要负责人为本单位交通安全第一责任人，应切实履行职责，组织建立健全本单位交通安全管理制度和交通安全责任制，明确管理内容。执行中国气象局的规章制度和工作部署，严格落实安全责任制，积极组织、参加交通安全宣传、培训和公益活动，教育所属人员遵守交通安全法律法规，做好所管辖区域的机动车、非机动车的停放秩序管理。建立健全专职机动车驾驶员和非专职驾驶员及机动车信息档案数据库；建立公务机动车使用、保养、维修、检查制度，经常开展安全检查工作，督促落实安全防范措施，消除安全隐患，严格控制交通违法行为。

8.3.2 交通安全管理

8.3.2.1 公用机动车辆

各单位要对公用机动车辆（简称公车）按照规定定期检验、定期保养，未检验合格或有安全隐患的机动车不得上路行驶。

8.3.2.2 公车驾驶员

公车驾驶员必须持有有效期内的驾驶执照，出车时必须严格遵守《中华人民共和国道路交通法》和各项规章制度。不准私自将车辆交由单位未指定的驾驶员驾驶，严禁将车辆交由无驾驶执照者驾驶。行驶中发生交通事故，必须迅速与交通管理部门和单位联系，依据交通法规规定程序处理。

8.3.2.3 职工教育培训

干部职工外出避免乘坐无运营资质车辆。加强对干部职工文明行路、文明乘车、文明驾车以及交通事故处置等教育，提高职工遵守交通法规的自觉性。

8.3.2.4　公车运维

各单位要明确公车管理部门，建立车辆出车记录和保养、维修记录，未经审批不得私自用车。车辆管理部门应加强对车辆出勤的审批管理，作好出车登记，严禁公车私用。派车时要科学调度车辆，合理安排工作量，严格控制恶劣天气条件下的车辆出行安排。

8.3.2.5　内部交通安全

各单位要制定本单位内部交通管理办法，在内部设置机动车限速标识、行驶指示牌，划定车辆停车地点，严禁随意停放。维护内部交通设备设施完好有效，做好以下工作：

(1)因内部规划建设或业务发展需要的建设项目，施工涉及破开路面、打开井盖等，施工单位应当提前向安全管理部门报备，在施工现场设置警示标志或派专人值守，施工完成后及时恢复。施工及材料堆放不得占用消防应急通道。

(2)经内部有关单位立项、报批后在内部施工的项目，凡涉及占地、占道、破路以及其他影响交通设施的，建设单位应在施工前向内部管理处提交包括建设项目具体施工内容、工期、恢复方案等申请，经审批同意后方可施工。施工现场必须严格安全管理，设置围挡、告示牌和昼夜警示标志。施工结束后应及时恢复道路、周边绿化及相关交通设备设施。

(3)任何单位与个人未经内部管理部门审批同意，不得私自围挡、占用内部道路；不得损坏道路和交通设施，拆移交通标志；不得在人行便道上摆摊设点，堆放物资或停放机动车辆。

(4)任何单位与个人未经内部管理部门审批同意，不得私自建设电动车充电桩。在居民住宅区，未经物业管理部门同意，任何个人不得私自建设电动车充电桩及电动自行车充电桩。严禁私拉乱接电线用于电动汽车及电动自行车充电。

8.4　施工安全

气象部门建设工程安全管理工作，要遵循《建设工程安全生产管理条例》(中华人民共和国国务院令第393号)和各项安全管理规章制度，坚持预防为主、科学管理、精准防控的原则，严格落实安全生产职责，切实加强在建工程现场安全管理工作的指导、监督，督促施工方严格落实各项安全管理措施和责任，确保施工安全责任落实到位。重点做好以下工作。

8.4.1 施工管理总体要求

8.4.1.1 经费保障

各单位在工程设计和编制工程概算时，应当按照相关规定编制建设工程安全作业环境及安全施工措施所需费用。

8.4.1.2 资料保障

各单位应当向施工单位提供施工现场及毗邻区域内供水、排水、供电、供气、供热、通信、广播电视等地下管线资料，气象和水文观测资料，相邻建筑物和构筑物、地下工程的有关资料，并保证资料的真实、准确、完整。

8.4.1.3 安全施工方案

各单位组织工程建设时，在工程设计、招标、签订合同时，要提出工程安全方案；在工程实施时，要明确各方的安全责任，落实施工安全各项措施。将危险性较大的分部分项工程的安全方案报送建设工程所在地的县级以上地方人民政府建设行政主管部门或者其他有关部门备案。

8.4.1.4 约束条款

各单位不得对勘察、设计、施工、工程监理等单位提出不符合建设工程安全生产法律、法规和强制性标准规定的要求，不得压缩合同约定的工期。不得明示或者暗示施工单位购买、租赁、使用不符合安全施工要求的安全防护用具、机械设备、施工机具及配件、消防设施和器材。

8.4.1.5 工程拆除

各单位在拆除有房屋所有权证中列明的建筑时，应当将拆除工程发包给具有相应资质等级的施工单位，并将相关资料报送建设工程所在地的县级以上地方人民政府、建设行政主管部门或者其他有关部门备案。实施爆破作业的，应当遵守国家有关民用爆炸物品管理的规定。

8.4.2 施工安全管理实施

8.4.2.1 安全责任体系的建立

(1)建立安全防控工作体系，制定相关管理制度

各项目管理单位应结合项目实际情况，制定详尽的项目安全专项施工方案，健全安全工作体系和机构，明确安全管理责任部门和责任人，设置专职安全管理监督岗位，完善安全防控管理制度，巡视检查记录的资料应齐全、详尽。

(2)落实安全管理主体责任,加强安全教育

建设单位是工程施工安全管理的牵头单位,负责监督、督促施工方落实施工现场的安全管理工作。施工总承包单位负责施工现场各项安全管理工作的落实。监理单位负责审查施工现场安全管理工作方案,开展检查并提出建议和意见。建设、施工、监理负责人是工程施工安全管理和质量安全的第一责任人。各方应各司其职、加强配合,切实履行安全管理和质量安全主体责任。建立安全教育培训制度,对进场人员开展安全教育培训和考核,确保全员重视安全工作。

(3)落实安全责任

建设单位应与施工总承包方(施工方)签订"施工安全责任书"和"安全管理工作相关责任书",明确各方责任,特殊岗位要持证上岗,无上岗证人员不得从事特种作业,安全标识标注明晰、准确,确保施工安全、规范。

8.4.2.2 施工环境管理

加强文明施工建设,健全综合管理制度,保障工地生产顺利进行,杜绝生活用电等安全隐患,做好安全防护和防盗措施,把爱国卫生和食品安全工作作为日常管理工作的一部分。施工现场必须进行围挡,且围挡应坚固、稳定、整洁、美观,进行封闭管理,做好防尘、降噪工作。

8.4.2.3 工程质量管理

施工质量关系着建筑物(构筑物)等建设工程的百年大计,工程质量也是施工安全管理的重要组成部分。施工过程中,对进场原材料的检查、检验是保证工程质量的基础,只有严格进场材料的管理,才能保证总体工程所用材料的质量安全。

8.4.2.4 规范工程管理

规范工程管理,严格执行相关工程管理规定:

(1)严格执行国家对工程管理的相关规定。

(2)落实相关审批程序,执行政府采购政策。

(3)严格工程财务支付流程,做好工程结算、决算工作。

(4)落实工程定期检查和监理例会制度,开展安全生产教育。

(5)制定施工现场相应的管理措施及实施方案。

8.5 用电安全

用电安全管理,要参照《用电安全导则》(GB/T 13869—2017)及相关技术规范

和要求，重点做好以下工作。

8.5.1 用电设备安装

要严格按照相关电气技术规范和要求进行设计和选择使用用电设备；必须选用合格的用电设备，严禁使用“三无”产品；按照制造商要求的使用环境条件进行安装，电气线路应具有足够的绝缘强度、机械强度和导电能力；在安装电器设备中必须使用三相五线制来取代三相四线制，工作零线与保护零线分开使用，必须采用两级以上漏电开关；保护零线或保护接地线时，其线路上不准装有刀闸、熔断器并多处做重复接地，所有的电气设备外壳和人身所接触到的金属结构上都必须采取保护接零或保护接地；在同一个供电系统中坚决不允许采用一部分保护接零，而另一部分接地保护。

8.5.2 用电设备使用

正确选用用电设备的规格形式、容量和保护方式，不得擅自更改用电设备结构。应在规定的使用寿命期间使用设备，超过使用寿命期限的应及时更换。

8.5.3 用电设备维修

应按照制造商提供的维修规定或定期维修要求进行，维修时应根据情况采取全部停电、部分停电和不停电三种方式，并设置安全警示标志或采取相应安全措施，除正常更换易损件外，非专业人员不得从事用电设备维修。

8.5.3.1 高压“五防”功能

高压配电装置应采用具有“五防”功能的金属封闭开关设备，即防止误分、误合断路器；防止带负荷分、合隔离开关；防止带负荷推入、拉出铠装移开式开关柜手车；防止带电挂地线合断路器或隔离开关；防止误入带电间隔。

8.5.3.2 安全防护要求

变配电室空气温度上限不得高于40 ℃；在最高温度为40 ℃时，其相对湿度不得起过50%；变压器、高压配电装置、低压配电装置的操作区、维护通道应铺设绝缘胶垫；正常照明和应急照明系统应完好；疏散指示灯的持续照明时间应大于30分钟；对装有产生有毒气体、窒息性气体的配电装置的房间，在发生事故时房间内易聚集气体的部位，应装设排风装置。

8.5.3.3 设备巡视检查

有专人值班的变配电室每班至少巡视检查一次。检查配电设备整体运行情况，确认设备工作状态是否正常，观察面板仪表及信号信息是否正常；设备外观检查，连接点有无过热变色，绝缘有无裂纹、明显老化、运行温度是否正常，有无闪络放电痕迹。

(1)电气作业人员

应加强对电气作业人员的技能和安全培训,特种作业人员应经专门的业务培训,在取得相应资格证书后,方可上岗。

(2)用电设施保障

各单位配电室,应建立安全用电工作制度并上墙,开展从业人员的安全教育和培训,使之具备必要的安全生产知识、安全操作技能和应急救援知识。

每年组织不少于两次的变配电室事故应急预案演练,应急演练活动结束后应撰写应急演练总结报告。

8.6 用水安全

该用水安全主要是指生活饮用水安全。各单位用水应达到《生活饮用水卫生标准》(GB 5749—2022)要求。按照《生活饮用水卫生监督管理办法》(中华人民共和国卫生部令第53号)及相关要求,细化本单位用水安全管理办法,主要对以下工作进行规范。

8.6.1 生活用水安全管理

8.6.1.1 建设项目

根据相关节约用水办法和生活饮用水卫生监督管理条例的规定,新建、改建、扩建建设项目的节水设施应当与主体工程同时设计、同时施工、同时投入使用。竣工后,其节水方案、供水设施未经节水部门、卫生行政部门审核或者审核不合格者,供水部门不给予供水。

8.6.1.2 供水设备

根据《生活饮用水卫生标准》(GB 5749—2022)和相关生活饮用水卫生监督管理条例的管理规定,生活饮用水输送管材、储水设备以及水处理(含净化、软化、消毒设备等)设备必须有省部级以上卫生行政部门颁发的涉水产品卫生许可批件。其供水设施上各种出口都要加锁和密封设施,重点供水设备与蓄水池周围30 m范围内不得有任何污秽物与污染源,以防水质污染和人为破坏。

8.6.1.3 供水设施管理

供水与物业管理部门应加强室内外供水管网改造和日常巡查、维护,如实记录巡查的维护管理情况,提高供水管网监测和维护管理水平,降低供水管网的漏失率,提高供水质量。

二次供水设施与城镇公共供水管网不得直接连接；供水设施与非饮用水不得相通；供水设施必须安全密封，有必要的卫生防护措施；供水设施应当按照卫生行政部门规定的期限清洗、消毒。

供水设施管理单位应当建立健全生活饮用水规章制度，配备专职或者兼职卫生管理人员，组织从业人员进行卫生知识培训和健康检查。

8.6.1.4 水质检验

根据《生活饮用水卫生标准》和《生活饮用水标准检验方法》(GB/T 5750—2023)的要求，定期对水源水、蓄水池水、管网末梢水进行定时、定点的水质检验。

8.6.1.5 事故等级

为有效处置地下供水管线与供水设备的突发事故，按照突发事故影响范围和事故严重程度，将地下管线与供水设备突发事故分成特别重大事故、重大事故、较大事故、一般事故四个事故等级，内部供水、物业管理部门根据事故等级认真做好本部门供水设备、供水管线应急故障处理。

8.6.1.6 隐患排查

严格落实相关安全生产条例、城市地下管线管理办法、节约用水办法和生活饮用水卫生监督管理条例的有关规定，强化本部门安全生产责任制的落实，严格履行供水设施、供水设备巡查、维护、更新改造和安全管理的责任，及时发现并消除影响供水系统的安全隐患，确保供水管网、供水设备安全稳定运行。

8.6.1.7 事故处理

接到生活水质污染报告后，供水、物业管理部门应马上赶赴现场，迅速做好水质污染源排查与控制工作，除向上级部门与相关卫生防疫监控中心部门汇报后，根据水质污染区域范围大小，立即切断受污染的给水管网与供水设备，启动供水抢险与水质监测应急预案。

有下列情形之一的，禁止供给饮用：水中混有异物，出现异色、异味或者其他感官性状异常，可能对人体健康有害的；有毒寄生虫、微生物等，可能引起疾病的；未经卫生检验的水质。

8.6.1.8 清洗消毒

对二次加压的供水设备、蓄水池每年进行 1～2 次检修、清洗、消毒，尽可能请专业清洗队清洗，清洗工作人员须持有有效健康合格证，并做好水池清洗消毒记录。

8.6.1.9 从业人员

直接从事供水和管水的从业人员，每年必须进行一次体检和卫生知识培训，新参加工作的人员必须进行健康检查，取得健康培训合格证后方可上岗。

8.6.2 供水应急处理

8.6.2.1 应急故障处理要求

按照岗位职责做好供水设备的日常运行和维护工作。当供水、排水系统发生事故时，当值人员无论正在进行什么工作，都必须停下，立即赶到事故点参加事故应急抢险处理。

相关技术负责人员依据计算机系统提示的报警数据、管网压力、仪表显示分析停水、缺水、排水堵塞事故的范围，及时判断停水、缺水、失压损失范围，在最短时间内提出应急处理预案。当班人员应在10分钟内采取应急处理措施，减少停水、缺水、排水堵塞事故的范围扩大。相关行政负责人负责指导值班员、值班长处理应急突发事故，并将停水、缺水、排水堵塞故障填写事故处理记录，通知应急值班室、各业务单位说明停水、缺水、水质污染的处理结果。

做好供水设备的日常监测、维护是做好汛期高峰供水工作的重点，同时设备日常维护是搞好预知检修重点之一，要加强机电设备的检修、巡视力度，根除供水设备中存在的各种隐患，努力提高设备运行可靠率及设备完好率，减少跑、冒、滴、漏现象的发生。

提前准备好汛期抢险材料及工具，逐渐提高值班员应急演练及处理突发事故的能力，加强给排水管网的巡视检查力度，重点检查室外主给排水管道、供水设备、蓄水池、消毒器设备的运行情况，消除供水设备、管网的事故隐患，确保重点业务单位供水、排水设备的安全稳定运行。

事故处理顺序：优先处理水质污染事故，后处理给水管网水压不足、缺水、排水堵塞事故；优先处理重点单位停水、失压、缺水事故，后处理居民、一般单位停水、缺水事故。

8.6.2.2 饮用水源污染事故应急程序

(1)迅速报告：接到水质污染事故报警后，值班员必须做好详细记录，包括时间、地点、人物、事件、污染范围及其状况，同时予以核实。对严重的水源污染事故，除向属地政府卫生防疫、市政有关部门报告外，必须在2小时内通知下游单位或居民采取必要的水质防污染措施，尽最大努力减小水质污染受害范围。

(2)快速出击：接到水质污染报告后，应急处理小组应及时告知属地政府卫生防疫部门带领相关成员、携带水质污染事故专用应急监察、监测设备，在最短时间内（最长不得超过2小时）赶赴现场检测水质污染情况。在确定水质污染源后，切断受污染的给水管网，紧急启动供水、抢险应急监测预案。

（3）现场控制：在属地相关部门未到达事故现场之前，内部供水部门要积极做好现场水质污染源的控制和善后处理工作，防止水质污染物的扩散，并根据现场勘验情况，配合划定水质污染的警戒范围，禁止无关人员靠近。

（4）启动供水预案：供水部门按照预先制定的应急供水、抢险预案，对受到水质污染管网采取区域停水措施处理污染事故，并通知沿途居民停止取水、用水。未被污染的给水管网启用备用水源进行应急供水，同时采取有效措施，降低污染物浓度和影响程度。

（5）水源设备管理：发现水源被污染或接到水源污染报告后，根据污染区域范围大小，供水加压站、深井泵水源或应采取局部或全部停水处理，切断有污染源的供水管网、设备，查找污染源的范围，供水单位自身无法解决时应及时上报属地政府相关部门处理。

8.7 食堂安全

职工食堂应根据《中华人民共和国食品卫生法》（中华人民共和国主席令第五十九号）及相关要求，建立完善职工食堂管理办法，加强安全管理。

8.7.1 食品安全管理

（1）完善制度，落实责任。餐饮、食品经营管理单位，要牢固树立食品安全责任意识，建立食品安全管理组织和食品安全工作责任追究制，健全和完善食堂管理制度，逐级签订食品安全责任书，层层落实食品安全工作防范责任制。

（2）依法经营和管理。有关单位要认真贯彻执行《中华人民共和国食品安全法》等法律法规，严格执行《餐饮服务食品安全操作规范》，不断完善各项卫生设施设备，不断改善卫生经营条件，严把食品原料的采购、储存、加工和销售关。

（3）做好应急处置工作。食堂和餐厅要制定食品安全突发事件应急预案，建立突发事件应急体系，开展突发事件应急演练等。发生食物中毒或疑似食物中毒时，在第一时间向属地疾病防治部门和本单位报告，并积极配合有关部门做好对病人和与病人密切接触者的隔离消毒、食物留存等工作，配合做好调查处理，主动做好善后工作，不迟报、瞒报。

（4）加强从业人员健康管理。食堂和餐厅要落实从业人员培训和健康管理制度。配备专职食品安全管理人员，定期对从业人员进行食品安全知识培训；督促落实从业人员卫生管理制度;实行每日晨检,所有从业人员须持合格健康证明上岗,建立培训档案和健康档案。

(5)严格进货渠道。餐饮管理部门要与供应商签订食品安全责任书;食品入库前实行安全质量验收,大宗食品应检验“三证”(卫生证、化验证、合格证),购货合同、发票齐全,确保进货食品及原材料100%可追溯;购进食品(含原料)、食品添加剂及食品相关产品索证索票、建立台账率达100%。保证所加工的食品安全卫生,杜绝使用有毒有害物质、非食用物质加工食品的行为。

(6)严格规范食品添加剂管理和使用。落实食品添加剂“五专”(专店采购、专柜存放、专人负责、专用工具、专用台账)管理制度。按照规定的品种、使用范围、用量使用,建立台账并公示,不得采购、贮存、加工、使用亚硝酸盐。

(7)严格落实餐厨用具清洗消毒保洁管理制度。按照规范流程清洗、消毒、保管餐厨用具;并做好消毒记录。

(8)保持食堂内外环境卫生。做好防蝇、防鼠、防尘、防虫工作;按规定做好餐厨废弃物的日常收集、存放、登记、流向记录的管理工作;垃圾桶、泔水桶应密闭加盖,并做到日产日清。

(9)建立并完善留样制度。每餐供应所有食品必须执行留样制度,每份留样量不少于100克,有标签标明菜名,置于清洗消毒后专用留样容器内密封冷藏24小时。

8.7.2 食品安全事件应急管理

8.7.2.1 突发事件监测

(1)建立突发卫生事件的监测系统。建立食堂和餐厅考勤监测制度,指定专人对员工中的缺勤者进行逐一登记,查明缺勤原因。对因健康原因缺勤者进行登记汇总并进行追踪观察,分析其发展趋势,必要时采取进一步的措施。

(2)重视信息的收集。要与内部卫生部门建立联系,收集本地及周围地区的卫生事件的情报,密切关注其动态变化,以便做好预防工作。

8.7.2.2 突发事件报告

(1)建立自下而上的突发公共卫生事件逐级报告制度,并确保监测和预警系统的正常运行,及时发现潜在的隐患以及可能发生的突发事件。

(2)严格执行内部重大卫生事件报告程序,严格按程序逐级报告,确保信息畅通。

(3)出现集体性食物中毒及其他突发食品安全事件时,立即向上级行政主管单位报告,并以最快方式向所在地有关部门报告。

(4)任何人都不得隐瞒、缓报、谎报或者授意他人隐瞒、缓报、谎报突发事件。

8.8 房屋安全

房屋是指在各单位内部范围内及拥有使用权的土地上建造的一切房屋、场地及附属设施。包括公共用房、行政办公用房、生活保障用房、产业商业用房、公共服务用房等。

8.8.1 管理原则

房屋安全责任实行"谁使用、谁管理、谁负责"的原则，管理单位和使用单位对所使用房屋的消防、治安及建筑安全等负责，并根据国家法律法规和行业规范标准，落实好安全方面相关工作，及时采取措施处置安全隐患。尚未明确使用单位或个人的房屋管理工作，由房管部门或后勤管理部门负责管理。

8.8.2 房屋安全管理

各单位应加强对本单位内部房屋建筑图纸资料档案的整理和管理，建立日常巡查制度，排查建设年代长、建设标准较低、失修失养的房屋建筑，以及宾馆、医院、食堂、幼儿园等人员密集场所的房屋建筑，重点检查以下内容：

(1)房屋主体结构及外墙保温是否存在安全隐患。主要包括房屋的梁、板、柱、墙体等主体结构是否有明显开裂、变形和损伤现象，地基是否有不均匀沉降，外墙保温层是否有脱落等问题。

(2)房屋使用情况是否存在安全隐患。主要包括房屋基本情况(结构类型、建成时间、层数等)，有无擅自加层、拆改、加大房屋荷载，房屋设计使用用途是否发生改变，防雷装置、电梯设施设备是否损坏或者擅自拆改，玻璃幕墙是否存在安全隐患等问题。

8.8.3 房屋装修改造

使用单位在装修改造、结构拆改、水电暖管线改造施工前，应将原建筑竣工图纸提供给设计单位，由有资质的设计单位出具结构安全性验算文件，确认没有隐患和危险方可进行改造施工。

8.8.4 商业用房(出租)安全管理

各单位有房屋租赁业务的，需按以下要求执行：

(1)确保所出租的房屋符合安全防范要求的前提下，方可出租。

(2)应对房屋承租单位及个人的合法性、可靠性等进行审验，了解承租方经营项目和租房用途，对承租单位营业执照、法人身份证件复印件存档备查。

(3)审验承租单位无误后，与其签订"房屋租赁合同"，合同附件应包含安全治安、防火等安全协议，明确双方安全责任。

(4)严禁将房屋出租给无营业执照、身份证等证明文件或不具备相应资质的单位或个人。

(5)出租房屋内禁止有以下行为：

①擅自变动房屋建筑主体和承重结构；

②超过设计使用荷载使用房屋建筑；

③违法存放爆炸性、毒害性、放射性、腐蚀性等危险物品；

④损坏、挪用或者擅自拆除、停用消防设施、器材；

⑤占用、堵塞、封闭房屋建筑的疏散通道、安全出口以及其他妨碍安全疏散的行为；

⑥损坏或者擅自拆改供水、排水、供电、供气、供热、防雷装置、电梯等设施设备。

(6)承租单位对房屋进行装修、改造，应当聘请具有相应资质的施工单位，并向经营单位提出书面申请，将装修改造施工方案报经营单位审核，与经营单位签订装修改造协议。经营单位按照协议内容对承租单位的装修、改造进行监督和验收。

(7)承租方对装修、改造期间的安全生产工作负责，经营单位对装修期间的安全工作进行监督，发现事故隐患的，应当要求承租方进行整改，拒不整改的，经营单位应及时要求停工整改。

(8)经营场所进行装修、改造，经营单位或承租单位应当与施工单位签订施工安全协议，明确安全责任；施工区域应当与其他营业区域相隔离，并采取安全措施，确保安全。

8.9 地下空间安全

地下空间使用管理的单位要严格执行《中华人民共和国人民防空法》和人民防空工程和普通地下室安全使用有关规定。地下空间的安全使用，要坚持“谁所有谁负责、谁使用谁负责”和“分级管理、用管结合”的原则，地下空间所有权单位承担安全使用管理责任。所有权单位委托其他单位管理的，管理单位承担安全使用管理责任。租赁、借用地下空间的，应当与地下空间所有权单位或者管理单位签订书面租赁(借用)合同，服从所有权单位或者管理单位的管理，承担规定和约定的安全使用责任。

8.9.1 地下空间使用审批和备案

使用、改造人民防空工程及改造竣工验收，应当向单位、部门人民防空办公室逐级提出申请，报上一级人民防空主管部门审批。人民防空工程的使用审批情况发生变更的，使用人应当向单位、部门人民防空办公室逐级提出申请，在变更使用前向上一级人民防空主管部门重新申请审批。普通地下室使用备案情况发生变更的，应当在变更使用前向上一级人民防空主管部门重新办理备案。

8.9.2　使用管理

使用地下空间，应当符合国家、地下空间所在地人民政府有关房屋建筑安全管理、治安管理的规定。出租地下空间的，应当按照地下空间所在地人民政府房屋租赁管理的相关规定办理登记。不得将规划为非居住用途的地下空间出租居住。

所有权单位、管理单位负责维护管理地下空间及其设备设施。人民防空工程平时使用维护管理，应当符合人民防空工程维护管理规定和相关标准。

使用人民防空工程，应当健全平战转换方案及实施计划，定期组织演练，保证平战转换措施到位，责任到人。

地下空间使用人应当按照人民防空工程和普通地下室安全使用的规定使用地下空间，保持地下空间及其设备设施功能完好，并按照规定和约定承担维护、消防、治安、防汛、防疫等工作和相关经济、法律等责任。

遇有战争或者重大自然灾害，人民防空工程使用人应当在规定的期限内恢复人民防空工程防护功能并腾退后，交所有权单位人民防空办公室统一安排使用。

停止使用地下空间的，各单位人民防空办公室、普通地下室所有权单位或者管理单位应当自停止使用之日起 10 个工作日内，将平时使用证或者登记备案表交回当地人民防空管理部门，依照规定办理注销手续。

各单位应当遵守国家相关保密规定，建立健全地下空间使用档案，及时更新有关信息数据。

8.9.3　安全管理要求

地下空间所有权单位或者管理单位应当与使用人签订地下空间安全使用责任书，明确双方管理责任，落实安全防范措施。

监管部门对地下空间安全使用情况定期进行检查，对存在重大安全隐患的单位发出整改通知，并及时组织复查。

从事地下空间安全使用管理工作，应当取得当地人民防空管理部门制发的行业培训证书。

从业人员应当定期参加人民防空管理部门举办的行业培训，参加行业培训的情况在行业培训证书上予以记录。每处地下空间取得行业培训证书的从业人员不得少于 2 人。

地下空间使用人应当建立和落实下列安全管理责任制度：

(1)消防安全管理责任制度。建立健全消防组织，制定消防应急预案，绘制安全疏散平面图，保证消防设施、器材正常有效使用，确保疏散、消防通道畅通；定期进行安全检查，发现隐患及时整改；做好消防安全检查记录。

(2)治安管理责任制度。建立居住人员登记档案，准确登记居住人员情况，积极配合辖区流动人口和出租房屋登记管理部门的工作，发生治安问题及时上报。

(3)防汛管理责任制度。制定防汛方案和应急措施，做好防汛、排涝和防雨水倒灌工作；建立防汛组织，重要物资库、汽车库、商场和人员密集工程内应当配备抽水泵。

(4)卫生防疫制度。用于商业、娱乐、住宿的地下空间，应当报卫生行政主管部门检查合格；制定传染病预防措施，配备有效的防灭病媒生物设施、消毒设施和垃圾/废弃物存放专用设施；发现疫情及时报告。

(5)值班制度。根据使用需要，设置专门值班室，配备计算机、传真机、直拨电话、监控设备、报警装置等，备有各个房间钥匙，安排专人 24 小时值守；值班人员应当熟悉突发事件处理程序，掌握必要的救护知识，做好值班巡视和值班记录。

(6)在岗职工培训制度。定期对在岗职工进行消防、治安、防汛、卫生防疫知识培训，使其掌握使用消防器材、报警等方法；开展应急救援演练并做好记录，提高应急管理和防火、防汛、防疫、防治安案件的能力，应急救援演练每半年不得少于一次。

8.9.4 使用地下空间不得发生的行为

(1)在人民防空工程设备间内居住和存放物品；

(2)未按审批或者备案用途使用，超范围经营；

(3)擅自转租人民防空工程或者转让使用权；

(4)无明确治安、消防等安全管理制度措施，管理松懈，未定期进行安全检查，没有安全检查记录；

(5)在使用期间封闭安全出口，安全出口使用卷帘门、转门、吊门或者侧拉门，占用、堵塞疏散通道，遮挡安全疏散指示标志；

(6)未按规定配备消防器材，消防设施、应急照明、疏散指示标志不能正常使用，损坏或者擅自挪用、拆除、停用消防设施、器材，埋压、圈占消火栓，占用防火间距；

(7)超负荷用电，乱拉、乱接电器线路，使用电炉、电褥、热得快等火源性器具；

(8)使用煤、汽油、液化石油气等与空气密度比值大于等于 0.75(闪点小于

60 ℃)的可燃气体作燃料,使用无强排式燃气热水器等可产生有害气体的设备,使用油浸电力变压器和其他油浸电气设备;

(9)在地下空间汽车库内设置修理车间、喷漆间、充电间、乙炔间和火灾危险性甲、乙类物品贮存室;

(10)使用不符合消防、卫生、环保等规定标准的材料进行装修装饰;

(11)开设托儿所、幼儿园和医院、疗养院的住院部;

(12)利用地下二层以下空间开设体育运动、文化娱乐和餐饮场所;

(13)在人民防空工程内地下二层及以下层设置旅店、病房、员工宿舍;

(14)同一处地下空间用于住宿、仓储、经营等多种用途;

(15)擅自改变地下空间汽车库的实际使用功能;

(16)人民防空工程内渗漏水、浸泡治理不及时,防护设施锈蚀、损坏,维修维护不到位;

(17)超过核定人数,卫生脏、乱、差,影响地下空间的安全和环境质量,群众反映强烈;

(18)其他不符合安全使用管理规定的行为。

地下空间存在结构安全问题,经鉴定应当停止使用的;地下空间不具备通风系统和空调系统,或者通风系统和空调系统存在卫生安全问题,卫生行政主管部门依法责令停止使用的,地下空间所有权单位或者管理单位应当要求使用人停止使用,并妥善安置。

第9章 气象部门安全生产事故案例

9.1 2020年某地切割人工影响天气作业弹壳引发爆炸事故

【案例详情】 2020年9月12日，某地经当地公安局治安支队批准，某废品收购站工作人员在使用电切割机切割人工影响天气作业空弹壳时，弹壳突然发生爆炸并对工作人员手部造成伤害。经当地公安部门调查，初步认定事故原因为空弹壳内残余火药因切割导致爆炸。事故发生后，当地其余空弹壳已全部封存入库，停止切割处理，其他地区的弹壳进行回收、清点、封存处理。

【原因分析】 人工影响天气作业废旧装备、弹药、弹壳管理规章制度不健全，未对废旧装备、弹药、弹壳安全管理作出明确规定。

【经验教训】 中国气象局应急减灾与公共服务司组织制定了《人工影响天气废旧装备及弹药管理办法(试行)》，对人工影响天气废旧装备及弹药处理工作职责、废旧装备和过期、故障弹药以及弹药残骸处理程序等作了进一步明确，切实提高人工影响天气废旧装备及弹药规范化管理水平。各省(区、市)气象局同步制定了实施细则。

9.2 2021年某省人工影响天气作业飞机失事事故

【案例详情】 2021年3月1日15时，由某通用航空有限公司托管运行的人工影响天气作业飞机在某省执行抗旱增雨任务过程中，坠落于某省某地的一个村庄内，引发民房起火。机上5人遇难，地面1名村民受轻伤，3栋民房受损。

【经验教训】 人工影响天气需要由规模型向质量型转变，由分散管理向集约管理转变，由部门化向社会化作业转变。气象部门通过与民航部门沟通，进一步明确了气象和民航的安全责任界限。

9.3　2021 年某省某市气象梯度观测塔倒塌事故

【案例详情】 2021 年 1 月 12 日 12 时 37 分，受大风天气影响，某省某市 100 m 气象梯度观测塔（简称铁塔）因大风导致塔体完全倒塌，砸落在停靠江边的一艘滚装货船上。经该市气象局相关人员与海事局、受损船方共同开展现场勘察，发现铁塔拉线发生断裂，塔体完全倒塌至长江江面一侧，约 90% 塔体正好砸落在停靠江边的一艘滚装货船上，造成该船船顶顶棚及信号灯、桅杆等设施受损、甲板局部变形、驾驶舱玻璃窗破碎、室内部分天花板和线路损坏，雷达电线和 GPS 等设备受损，无人员伤亡。

【原因分析】 一是规章制度不健全。气象观测领域中的规章制度主要围绕业务系统，针对配套的观测铁塔、防雷、供电等附属设施以及人员作业等相关制度不够完善和具体。气象观测维护保障人员不具备铁塔维护与安全评估能力和资质，缺乏专业的铁塔维护管理知识，日常巡查维护主要以气象观测仪器设备为主。二是环境和气象条件因素。该气象梯度观测塔在设计和建设时对恶劣天气的影响考虑不足，在冬季长期低温冷冻天气下，铁塔可能会出现严重积冰而倒塌，大风天气也是造成铁塔倒塌的重要因素。三是该气象梯度观测塔建于 2009 年，截至 2021 年倒塌时已运行了 12 年，长期野外条件下运行也对塔体结构安全造成了一定的影响。四是规章制度落实不到位。虽然国省均出台了风能观测网运行管理规定，就测风铁塔运行维护提出了具体要求，但在实际工作中并未严格落实到位，相关巡查维护等工作记录不齐全，管理部门监管不到位，无有效的安全监控手段。

【经验教训】 此次气象梯度观测塔倒塌的实例，告诫我们一定要防微杜渐，压实气象梯度观测塔的安全生产责任制，落实铁塔的安全监管制度，加强铁塔维护保障，将铁塔安全隐患检查整改作为汛前自查、检查的重要内容，同时强化高空作业人员安全培训，切实消除安全隐患，持之以恒地加强铁塔运行的安全管理。

9.4　2020 年山东章丘国家高空气象观测站氢气房安全隐患成功处置案例

【案例详情】 2020 年 4 月，山东省济南市章丘国家高空气象观测站氢气房出现地面裂缝、地基下沉现象，经研判认为，氢气房存在重大安全隐患，可能因倾斜导致倒塌，进而造成业务中断，甚至造成生命财产损失。发现隐患后，山东省、济南市、章丘区三级气象部门紧急联动部署，省局、市局负责同志立即召开会议，研究解决措施，市局、区局全面落实省局要求，主要负责同志积极争取属地政府工作支持。在各方共同努力下，仅历时一个半月即按照最新技术规定和最高标准完成氢气房新建任务并投入业务使用，安全隐患得到了有效处置。建设期间，章丘高空观测业务无任何重放球、迟放球等情况，未发生任何错情，观测业务正常有序开展，是气象部门有效统筹发展和安全的典型案例。

【经验教训】 一是多方协同联动。山东省气象局党组自始至终高度关注，局领导多次组织专题会议研究部署，济南市气象局主要负责同志赴章丘区委区政府争取再投资200余万元，章丘区政府主要负责同志主持召开隐患整改工作推进会，组织多部门联合行动共同推进，多次调度并到现场调研督促，章丘区气象局全体干部职工自觉扛起主体责任，建设期间反复进行应急预案完善和桌面推演，无缝隙开展安全巡视，做到了守土有责、守土负责、守土尽责。二是精密组织实施。科学制定/修订应急预案，根据施工进展和高空作业过程中发现的隐患，结合汛期极端降水等紧急情况进行动态修订。同时，设计多种场景检验应急处置，对发现的问题，逐一予以解决。章丘区气象局统筹全局人员力量，强化人员培训，党员干部带头和群众自觉相结合，把每个人的安全职责明确到位，精细统筹安排人员力量，保证业务和建设同步安全运转。

9.5 2017年某单位园区地下管井火险事故

【案例详情】 2017年11月3日23时03分，某单位园区地下通风管井出现火情，园区夜间巡逻保安员第一时间发现并报告，相关人员立即组织保安力量进行扑救，火势得到有效控制，后在消防部门的全力扑救下，经消防队员进入管道确认，次日凌晨02时，火情被彻底扑灭。此次火情过火面积约1 m^2，财产损失极小，未造成人员伤亡，加之发生在夜间，没有造成严重社会影响。

【原因分析】 根据消防部门事后调查认定，本次火情是地下管井内强电线缆和弱电线缆混合敷设，没有留足安全距离，没有采取相应安全措施，加之时间久远、线路老化导致的意外事件。

【经验教训】 一是园区安全管理责任不明确。在此之前，未清晰划定园区各单位的安全责任区域，未明确各单位具体安全管理责任，特别是地下管井、隐蔽工程等安全责任主体模糊，日常安全管理松弛。二是地下空间管井管理不到位。责任单位没有建立地下管井安全管理制度，没有开展隐患排查，导致强弱电线缆长期混搭、线缆老化无人管理引发事故。事故发生后，中国气象局办公室迅速组织召开安全生产督导会议，印发《全国气象部门安全生产再检查实施方案》，部署全国气象部门开展安全生产再检查事宜;印发《中国气象局园区安全责任管理实施办法》,对公共设施和公共区域、各单位设施和环境、地下空间、房屋及设施维修维护等安全管理责任主体作出规定,并对多方使用的楼宇安全责任单位进行明确,安全生产责任制得到落实。责任单位健全日常安全巡查制度,加装温度感应报警器等实时监测报警设备,及时排查安全隐患,确保业务运行安全。

后　记

中国气象局党组历来高度重视安全生产工作，始终坚持以习近平总书记关于安全生产重要论述和对气象工作的重要指示精神作为根本遵循，深刻践行安全发展理念，把安全生产摆在推进气象高质量发展的突出位置，以高水平安全保障高质量发展。

2019年，为进一步推动气象安全生产工作规范化建设，时任中国气象局办公室主任（现任中国气象局党组书记、局长）陈振林提出要自上而下建立一套规范的安全生产工作流程，并指导印发了《气象部门安全生产工作指南（试行）》（简称《指南》）。《指南》印发五年来，气象部门建立了纵向覆盖国省市县四级、横向覆盖各重点领域的全员安全责任体系，安全生产领导机构和安全管理制度日益完善，气象安全生产管理体系化、科学化和规范化取得了历史性突破。当前，随着经济社会高质量发展的迅猛推进，以气象科技能力现代化和社会服务现代化为主要特征的气象高质量发展对安全的需求日益迫切，高质效保安全的要求进一步提高，为此，中国气象局以更宽广视野，在《指南》基础上组织编写了本书。

感谢中国气象局局领导对本书编写给予的宝贵指导，感谢中国气象局各内设机构、直属单位和省（区、市）气象局有关同志和专家对本书提出的修改意见和建议，特别感谢气象出版社的鼎力支持，对本书的校对、出版、发行等做出了巨大贡献。

由于编者水平有限，有些内容可能尚未述及或不够深入，还请读者批评指正。

本书编写组
2024年9月

附录 1 相关法律法规摘编

中华人民共和国气象法

（1999 年 10 月 31 日第九届全国人民代表大会常务委员会第十二次会议通过。2009 年 8 月 27 日第十一届全国人民代表大会常务委员会《关于修改部分法律的决定》第一次修正。2014 年 8 月 31 日第十二届全国人民代表大会常务委员会《关于修改〈中华人民共和国保险法〉等五部法律的决定》第二次修正。2016 年 11 月 7 日第十二届全国人民代表大会常务委员会第二十四次会议《关于修改〈中华人民共和国对外贸易法〉等十二部法律的决定》第三次修正）

第一章　总　　则

第一条　为了发展气象事业，规范气象工作，准确、及时地发布气象预报，防御气象灾害，合理开发利用和保护气候资源，为经济建设、国防建设、社会发展和人民生活提供气象服务，制定本法。

第二条　在中华人民共和国领域和中华人民共和国管辖的其他海域从事气象探测、预报、服务和气象灾害防御、气候资源利用、气象科学技术研究等活动，应当遵守本法。

第三条　气象事业是经济建设、国防建设、社会发展和人民生活的基础性公益事业，气象工作应当把公益性气象服务放在首位。

县级以上人民政府应当加强对气象工作的领导和协调，将气象事业纳入中央和地方同级国民经济和社会发展计划及财政预算，以保障其充分发挥为社会公众、政府决策和经济发展服务的功能。

县级以上地方人民政府根据当地社会经济发展的需要所建设的地方气象事业

项目，其投资主要由本级财政承担。

气象台站在确保公益性气象无偿服务的前提下，可以依法开展气象有偿服务。

第四条 县、市气象主管机构所属的气象台站应当主要为农业生产服务，及时主动提供保障当地农业生产所需的公益性气象信息服务。

第五条 国务院气象主管机构负责全国的气象工作。地方各级气象主管机构在上级气象主管机构和本级人民政府的领导下，负责本行政区域内的气象工作。

国务院其他有关部门和省、自治区、直辖市人民政府其他有关部门所属的气象台站，应当接受同级气象主管机构对其气象工作的指导、监督和行业管理。

第六条 从事气象业务活动，应当遵守国家制定的气象技术标准、规范和规程。

第七条 国家鼓励和支持气象科学技术研究、气象科学知识普及，培养气象人才，推广先进的气象科学技术，保护气象科技成果，加强国际气象合作与交流，发展气象信息产业，提高气象工作水平。

各级人民政府应当关心和支持少数民族地区、边远贫困地区、艰苦地区和海岛的气象台站的建设和运行。

对在气象工作中做出突出贡献的单位和个人，给予奖励。

第八条 外国的组织和个人在中华人民共和国领域和中华人民共和国管辖的其他海域从事气象活动，必须经国务院气象主管机构会同有关部门批准。

第二章 气象设施的建设与管理

第九条 国务院气象主管机构应当组织有关部门编制气象探测设施、气象信息专用传输设施、大型气象专用技术装备等重要气象设施的建设规划，报国务院批准后实施。气象设施建设规划的调整、修改，必须报国务院批准。

编制气象设施建设规划，应当遵循合理布局、有效利用、兼顾当前与长远需要的原则，避免重复建设。

第十条 重要气象设施建设项目应当符合重要气象设施建设规划要求，并在项目建议书和可行性研究报告批准前，征求国务院气象主管机构或者省、自治区、直辖市气象主管机构的意见。

第十一条 国家依法保护气象设施，任何组织或者个人不得侵占、损毁或者擅自移动气象设施。

气象设施因不可抗力遭受破坏时，当地人民政府应当采取紧急措施，组织力量修复，确保气象设施正常运行。

第十二条 未经依法批准，任何组织或者个人不得迁移气象台站；确因实施城市规划或者国家重点工程建设，需要迁移国家基准气候站、基本气象站的，应当报经国务院气象主管机构批准；需要迁移其他气象台站的，应当报经省、自治区、直辖市气象主管机构批准。迁建费用由建设单位承担。

第十三条　气象专用技术装备应当符合国务院气象主管机构规定的技术要求，并经国务院气象主管机构审查合格；未经审查或者审查不合格的，不得在气象业务中使用。

第十四条　气象计量器具应当依照《中华人民共和国计量法》的有关规定，经气象计量检定机构检定。未经检定、检定不合格或者超过检定有效期的气象计量器具，不得使用。

国务院气象主管机构和省、自治区、直辖市气象主管机构可以根据需要建立气象计量标准器具，其各项最高计量标准器具依照《中华人民共和国计量法》的规定，经考核合格后，方可使用。

第三章　气象探测

第十五条　各级气象主管机构所属的气象台站，应当按照国务院气象主管机构的规定，进行气象探测并向有关气象主管机构汇交气象探测资料。未经上级气象主管机构批准，不得中止气象探测。

国务院气象主管机构及有关地方气象主管机构应当按照国家规定适时发布基本气象探测资料。

第十六条　国务院其他有关部门和省、自治区、直辖市人民政府其他有关部门所属的气象台站及其他从事气象探测的组织和个人，应当按照国家有关规定向国务院气象主管机构或者省、自治区、直辖市气象主管机构汇交所获得的气象探测资料。

各级气象主管机构应当按照气象资料共享、共用的原则，根据国家有关规定，与其他从事气象工作的机构交换有关气象信息资料。

第十七条　在中华人民共和国内水、领海和中华人民共和国管辖的其他海域的海上钻井平台和具有中华人民共和国国籍的在国际航线上飞行的航空器、远洋航行的船舶，应当按照国家有关规定进行气象探测并报告气象探测信息。

第十八条　基本气象探测资料以外的气象探测资料需要保密的，其密级的确定、变更和解密以及使用，依照《中华人民共和国保守国家秘密法》的规定执行。

第十九条　国家依法保护气象探测环境，任何组织和个人都有保护气象探测环境的义务。

第二十条　禁止下列危害气象探测环境的行为：

（一）在气象探测环境保护范围内设置障碍物、进行爆破和采石；

（二）在气象探测环境保护范围内设置影响气象探测设施工作效能的高频电磁辐射装置；

（三）在气象探测环境保护范围内从事其他影响气象探测的行为。

气象探测环境保护范围的划定标准由国务院气象主管机构规定。各级人民政府应当按照法定标准划定气象探测环境的保护范围，并纳入城市规划或者村庄和集镇规划。

第二十一条 新建、扩建、改建建设工程，应当避免危害气象探测环境；确实无法避免的，建设单位应当事先征得省、自治区、直辖市气象主管机构的同意，并采取相应的措施后，方可建设。

第四章 气象预报与灾害性天气警报

第二十二条 国家对公众气象预报和灾害性天气警报实行统一发布制度。

各级气象主管机构所属的气象台站应当按照职责向社会发布公众气象预报和灾害性天气警报，并根据天气变化情况及时补充或者订正。其他任何组织或者个人不得向社会发布公众气象预报和灾害性天气警报。

国务院其他有关部门和省、自治区、直辖市人民政府其他有关部门所属的气象台站，可以发布供本系统使用的专项气象预报。

各级气象主管机构及其所属的气象台站应当提高公众气象预报和灾害性天气警报的准确性、及时性和服务水平。

第二十三条 各级气象主管机构所属的气象台站应当根据需要，发布农业气象预报、城市环境气象预报、火险气象等级预报等专业气象预报，并配合军事气象部门进行国防建设所需的气象服务工作。

第二十四条 各级广播、电视台站和省级人民政府指定的报纸，应当安排专门的时间或者版面，每天播发或者刊登公众气象预报或者灾害性天气警报。

各级气象主管机构所属的气象台站应当保证其制作的气象预报节目的质量。

广播、电视播出单位改变气象预报节目播发时间安排的，应当事先征得有关气象台站的同意；对国计民生可能产生重大影响的灾害性天气警报和补充、订正的气象预报，应当及时增播或者插播。

第二十五条 广播、电视、报纸、电信等媒体向社会传播气象预报和灾害性天气警报，必须使用气象主管机构所属的气象台站提供的适时气象信息，并标明发布时间和气象台站的名称。通过传播气象信息获得的收益，应当提取一部分支持气象事业的发展。

第二十六条 信息产业部门应当与气象主管机构密切配合，确保气象通信畅通，准确、及时地传递气象情报、气象预报和灾害性天气警报。

气象无线电专用频道和信道受国家保护，任何组织或者个人不得挤占和干扰。

第五章 气象灾害防御

第二十七条 县级以上人民政府应当加强气象灾害监测、预警系统建设，组织有关部门编制气象灾害防御规划，并采取有效措施，提高防御气象灾害的能力。有关组织和个人应当服从人民政府的指挥和安排，做好气象灾害防御工作。

第二十八条 各级气象主管机构应当组织对重大灾害性天气的跨地区、跨部门的联合监测、预报工作，及时提出气象灾害防御措施，并对重大气象灾害作出评估，为本级人民政府组织防御气象灾害提供决策依据。

各级气象主管机构所属的气象台站应当加强对可能影响当地的灾害性天气的监测和预报，并及时报告有关气象主管机构。其他有关部门所属的气象台站和与灾害性天气监测、预报有关的单位应当及时向气象主管机构提供监测、预报气象灾害所需要的气象探测信息和有关的水情、风暴潮等监测信息。

第二十九条 县级以上地方人民政府应当根据防御气象灾害的需要，制定气象灾害防御方案，并根据气象主管机构提供的气象信息，组织实施气象灾害防御方案，避免或者减轻气象灾害。

第三十条 县级以上人民政府应当加强对人工影响天气工作的领导，并根据实际情况，有组织、有计划地开展人工影响天气工作。

国务院气象主管机构应当加强对全国人工影响天气工作的管理和指导。地方各级气象主管机构应当制定人工影响天气作业方案，并在本级人民政府的领导和协调下，管理、指导和组织实施人工影响天气作业。有关部门应当按照职责分工，配合气象主管机构做好人工影响天气的有关工作。

实施人工影响天气作业的组织必须具备省、自治区、直辖市气象主管机构规定的条件，并使用符合国务院气象主管机构要求的技术标准的作业设备，遵守作业规范。

第三十一条 各级气象主管机构应当加强对雷电灾害防御工作的组织管理，并会同有关部门指导对可能遭受雷击的建筑物、构筑物和其他设施安装的雷电灾害防护装置的检测工作。

安装的雷电灾害防护装置应当符合国务院气象主管机构规定的使用要求。

第六章 气候资源开发利用和保护

第三十二条 国务院气象主管机构负责全国气候资源的综合调查、区划工作，组织进行气候监测、分析、评价，并对可能引起气候恶化的大气成分进行监测，定期发布全国气候状况公报。

第三十三条 县级以上地方人民政府应当根据本地区气候资源的特点，对气候资源开发利用的方向和保护的重点作出规划。

地方各级气象主管机构应当根据本级人民政府的规划，向本级人民政府和同级有关部门提出利用、保护气候资源和推广应用气候资源区划等成果的建议。

第三十四条 各级气象主管机构应当组织对城市规划、国家重点建设工程、重大区域性经济开发项目和大型太阳能、风能等气候资源开发利用项目进行气候可行性论证。

具有大气环境影响评价资质的单位进行工程建设项目大气环境影响评价时，应当使用符合国家气象技术标准的气象资料。

第七章 法律责任

第三十五条 违反本法规定，有下列行为之一的，由有关气象主管机构按照权限责令停止违法行为，限期恢复原状或者采取其他补救措施，可以并处五万元以下的罚款；造成损失的，依法承担赔偿责任；构成犯罪的，依法追究刑事责任：

（一）侵占、损毁或者未经批准擅自移动气象设施的；

（二）在气象探测环境保护范围内从事危害气象探测环境活动的。

在气象探测环境保护范围内，违法批准占用土地的，或者非法占用土地新建建筑物或者其他设施的，依照《中华人民共和国城乡规划法》或者《中华人民共和国土地管理法》的有关规定处罚。

第三十六条 违反本法规定，使用不符合技术要求的气象专用技术装备，造成危害的，由有关气象主管机构按照权限责令改正，给予警告，可以并处五万元以下的罚款。

第三十七条 违反本法规定，安装不符合使用要求的雷电灾害防护装置的，由有关气象主管机构责令改正，给予警告。使用不符合使用要求的雷电灾害防护装置给他人造成损失的，依法承担赔偿责任。

第三十八条 违反本法规定，有下列行为之一的，由有关气象主管机构按照权限责令改正，给予警告，可以并处五万元以下的罚款：

（一）非法向社会发布公众气象预报、灾害性天气警报的；

（二）广播、电视、报纸、电信等媒体向社会传播公众气象预报、灾害性天气警报，不使用气象主管机构所属的气象台站提供的适时气象信息的；

（三）从事大气环境影响评价的单位进行工程建设项目大气环境影响评价时，

使用的气象资料不符合国家气象技术标准的。

第三十九条 违反本法规定，不具备省、自治区、直辖市气象主管机构规定的条件实施人工影响天气作业的，或者实施人工影响天气作业使用不符合国务院气象主管机构要求的技术标准的作业设备的，由有关气象主管机构按照权限责令改正，给予警告，可以并处十万元以下的罚款；给他人造成损失的，依法承担赔偿责任；构成犯罪的，依法追究刑事责任。

第四十条 各级气象主管机构及其所属气象台站的工作人员由于玩忽职守，导致重大漏报、错报公众气象预报、灾害性天气警报，以及丢失或者毁坏原始气象探测资料、伪造气象资料等事故的，依法给予行政处分；致使国家利益和人民生命财产遭受重大损失，构成犯罪的，依法追究刑事责任。

第八章 附 则

第四十一条 本法中下列用语的含义是：

（一）气象设施，是指气象探测设施、气象信息专用传输设施、大型气象专用技术装备等。

（二）气象探测，是指利用科技手段对大气和近地层的大气物理过程、现象及其化学性质等进行的系统观察和测量。

（三）气象探测环境，是指为避开各种干扰保证气象探测设施准确获得气象探测信息所必需的最小距离构成的环境空间。

（四）气象灾害，是指台风、暴雨（雪）、寒潮、大风（沙尘暴）、低温、高温、干旱、雷电、冰雹、霜冻和大雾等所造成的灾害。

（五）人工影响天气，是指为避免或者减轻气象灾害，合理利用气候资源，在适当条件下通过科技手段对局部大气的物理、化学过程进行人工影响，实现增雨雪、防雹、消雨、消雾、防霜等目的的活动。

第四十二条 气象台站和其他开展气象有偿服务的单位，从事气象有偿服务的范围、项目、收费等具体管理办法，由国务院依据本法规定。

第四十三条 中国人民解放军气象工作的管理办法，由中央军事委员会制定。

第四十四条 中华人民共和国缔结或者参加的有关气象活动的国际条约与本法有不同规定的，适用该国际条约的规定；但是，中华人民共和国声明保留的条款除外。

第四十五条 本法自2000年1月1日起施行。1994年8月18日国务院发布的《中华人民共和国气象条例》同时废止。

中华人民共和国安全生产法

（2002年6月29日第九届全国人民代表大会常务委员会第二十八次会议通过，根据2009年8月27日第十一届全国人民代表大会常务委员会第十次会议《关于修改部分法律的决定》第一次修正，根据2014年8月31日第十二届全国人民代表大会常务委员会第十次会议《关于修改〈中华人民共和国安全生产法〉的决定》第二次修正，根据2021年6月10日第十三届全国人民代表大会常务委员会第二十九次会议《关于修改〈中华人民共和国安全生产法〉的决定》第三次修正）

扫码阅读

人工影响天气管理条例

（经2002年3月13日国务院第56次常务会议讨论通过，于2002年3月19日公布，自2002年5月1日起施行。根据2020年3月27日中华人民共和国国务院令第726号《国务院关于修改和废止部分行政法规的决定》第一次修订）

第一条 为了加强对人工影响天气工作的管理，防御和减轻气象灾害，根据《中华人民共和国气象法》的有关规定，制定本条例。

第二条 在中华人民共和国领域内从事人工影响天气活动，应当遵守本条例。

第三条 本条例所称人工影响天气，是指为避免或者减轻气象灾害，合理利用气候资源，在适当条件下通过科技手段对局部大气的物理、化学过程进行人工影响，实现增雨雪、防雹、消雨、消雾、防霜等目的的活动。

第四条 人工影响天气工作按照作业规模和影响范围，在作业地县级以上地方人民政府的领导和协调下，由气象主管机构组织实施和指导管理。

第五条 开展人工影响天气工作，应当制定人工影响天气工作计划。人工影响天气工作计划由有关地方气象主管机构商同级有关部门编制，报本级人民政府批准后实施。

按照有关人民政府批准的人工影响天气工作计划开展的人工影响天气工作属于公益性事业，所需经费列入该级人民政府的财政预算。

第六条 组织实施人工影响天气作业，应当具备适宜的天气气候条件，充分考虑当地防灾减灾的需要和作业效果。

第七条 国家鼓励和支持人工影响天气科学技术研究，推广使用先进技术。

县级以上地方人民政府应当组织专家对人工影响天气作业的效果进行评估，并根据评估结果，对提供决策依据的有关单位给予奖惩。

第八条 人工影响天气的作业地点，由省、自治区、直辖市气象主管机构根据当地气候特点、地理条件，依照《中华人民共和国民用航空法》、《中华人民共和国飞行基本规则》的有关规定，会同有关飞行管制部门确定。

第九条 从事人工影响天气作业的单位，应当符合省、自治区、直辖市气象主管机构规定的条件。

第十条 人工影响天气作业单位应当按照国务院气象主管机构制定的人工影响天气作业人员培训标准对从事人工影响天气作业的人员进行岗前培训。人工影响天气作业人员应当掌握相关作业规范和操作规程后，方可实施人工影响天气作业。

利用高射炮、火箭发射装置从事人工影响天气作业的人员名单，由所在地的气象主管机构抄送当地公安机关备案。

第十一条 利用高射炮、火箭发射装置实施人工影响天气作业，由作业地的县级以上地方气象主管机构向有关飞行管制部门申请空域和作业时限。

利用飞机实施人工影响天气作业，由省、自治区、直辖市气象主管机构向有关飞行管制部门申请空域和作业时限；所需飞机由军队或者民航部门按照供需双方协商确定的方式提供；机场管理机构及有关单位应当根据人工影响天气工作计划做好保障工作。

有关飞行管制部门接到申请后，应当及时作出决定并通知申请人。

第十二条 实施人工影响天气作业，必须在批准的空域和作业时限内，严格按照国务院气象主管机构规定的作业规范和操作规程进行，并接受县级以上地方气象主管机构的指挥、管理和监督，确保作业安全。

实施人工影响天气作业，作业地的气象主管机构应当根据具体情况提前公告，并通知当地公安机关做好安全保卫工作。

第十三条 作业地气象台站应当及时无偿提供实施人工影响天气作业所需的气象探测资料、情报、预报。

农业农村、水利、自然资源、应急管理、林业和草原等有关部门应当及时无偿提供实施人工影响天气作业所需的灾情、水文、火情等资料。

第十四条 需要跨省、自治区、直辖市实施人工影响天气作业的，由有关省、自治区、直辖市人民政府协商确定；协商不成的，由国务院气象主管机构商有关省、自治区、直辖市人民政府确定。

第十五条 实施人工影响天气作业使用的火箭发射装置、炮弹、火箭弹，由国务院气象主管机构和有关部门共同指定的企业按照国家有关强制性技术标准和要求组织生产。

因作业需要采购前款规定设备的，由省、自治区、直辖市气象主管机构按照国家有关政府采购的规定组织采购。

第十六条 运输、存储人工影响天气作业使用的高射炮、火箭发射装置、炮弹、火箭弹，应当遵守国家有关武器装备、爆炸物品管理的法律、法规。实施人工影响天气作业使用的炮弹、火箭弹，由军队、当地人民武装部协助存储；需要调运的，由有关部门依照国家有关武器装备、爆炸物品管理的法律、法规的规定办理手续。

第十七条 实施人工影响天气作业使用的高射炮、火箭发射装置，由省、自治区、直辖市气象主管机构组织年检；年检不合格的，应当立即进行检修，经检修仍达不到规定的技术标准和要求的，予以报废。

第十八条 禁止下列行为：

（一）将人工影响天气作业设备转让给非人工影响天气作业单位或者个人；

（二）人工影响天气作业单位之间转让人工影响天气作业设备的，应当自转让之日起三十日内向有关省、自治区、直辖市气象主管机构备案；

（三）使用年检不合格、超过有效期或者报废的人工影响天气作业设备。

人工影响天气作业单位之间需要转让人工影响天气作业设备的，应当报经有关省、自治区、直辖市气象主管机构批准。

第十九条 违反本条例规定，有下列行为之一，造成严重后果的，依照刑法关于危险物品肇事罪、重大责任事故罪或者其他罪的规定，依法追究刑事责任；尚不够刑事处罚的，由有关气象主管机构按照管理权限责令改正，给予警告；情节严重的，禁止从事人工影响天气作业；造成损失的，依法承担赔偿责任：

（一）违反人工影响天气作业规范或者操作规程的；

（二）未按照批准的空域和作业时限实施人工影响天气作业的；

（三）将人工影响天气作业设备转让给非人工影响天气作业单位或者个人的；

（四）人工影响天气作业单位之间转让人工影响天气作业设备，未按照规定备案的；

（五）将人工影响天气作业设备用于与人工影响天气无关的活动的。

第二十条 违反本条例规定，组织实施人工影响天气作业，造成特大安全事故的，对有关主管机构的负责人、直接负责的主管人员和其他直接责任人员，依照《国务院关于特大安全事故行政责任追究的规定》处理。

第二十一条 为军事目的从事人工影响天气活动的具体管理办法，由中央军事委员会制定。

第二十二条 本条例自2002年5月1日起施行。

气象灾害防御条例

（经2010年1月20日国务院第98次常务会议通过，2010年1月27日中华人民共和国国务院令第570号公布，自2010年4月1日起施行）

第一章 总 则

第一条 为了加强气象灾害的防御，避免、减轻气象灾害造成的损失，保障人民生命财产安全，根据《中华人民共和国气象法》，制定本条例。

第二条 在中华人民共和国领域和中华人民共和国管辖的其他海域内从事气象灾害防御活动的，应当遵守本条例。

本条例所称气象灾害，是指台风、暴雨（雪）、寒潮、大风（沙尘暴）、低温、高温、干旱、雷电、冰雹、霜冻和大雾等所造成的灾害。

水旱灾害、地质灾害、海洋灾害、森林草原火灾等因气象因素引发的衍生、次生灾害的防御工作，适用有关法律、行政法规的规定。

第三条 气象灾害防御工作实行以人为本、科学防御、部门联动、社会参与的原则。

第四条 县级以上人民政府应当加强对气象灾害防御工作的组织、领导和协调，将气象灾害的防御纳入本级国民经济和社会发展规划，所需经费纳入本级财政预算。

第五条 国务院气象主管机构和国务院有关部门应当按照职责分工，共同做好全国气象灾害防御工作。

地方各级气象主管机构和县级以上地方人民政府有关部门应当按照职责分工，共同做好本行政区域的气象灾害防御工作。

第六条 气象灾害防御工作涉及两个以上行政区域的，有关地方人民政府、有关部门应当建立联防制度，加强信息沟通和监督检查。

第七条 地方各级人民政府、有关部门应当采取多种形式，向社会宣传普及气象灾害防御知识，提高公众的防灾减灾意识和能力。

学校应当把气象灾害防御知识纳入有关课程和课外教育内容，培养和提高学生的气象灾害防范意识和自救互救能力。教育、气象等部门应当对学校开展的气象灾害防御教育进行指导和监督。

第八条 国家鼓励开展气象灾害防御的科学技术研究，支持气象灾害防御先进技术的推广和应用，加强国际合作与交流，提高气象灾害防御的科技水平。

第九条 公民、法人和其他组织有义务参与气象灾害防御工作，在气象灾害发生后开展自救互救。

对在气象灾害防御工作中做出突出贡献的组织和个人，按照国家有关规定给予表彰和奖励。

第二章 预 防

第十条 县级以上地方人民政府应当组织气象等有关部门对本行政区域内发生的气象灾害的种类、次数、强度和造成的损失等情况开展气象灾害普查，建立气象灾害数据库，按照气象灾害的种类进行气象灾害风险评估，并根据气象灾害分布情况和气象灾害风险评估结果，划定气象灾害风险区域。

第十一条 国务院气象主管机构应当会同国务院有关部门，根据气象灾害风险评估结果和气象灾害风险区域，编制国家气象灾害防御规划，报国务院批准后组织实施。

县级以上地方人民政府应当组织有关部门，根据上一级人民政府的气象灾害防御规划，结合本地气象灾害特点，编制本行政区域的气象灾害防御规划。

第十二条 气象灾害防御规划应当包括气象灾害发生发展规律和现状、防御原则和目标、易发区和易发时段、防御设施建设和管理以及防御措施等内容。

第十三条 国务院有关部门和县级以上地方人民政府应当按照气象灾害防御规划，加强气象灾害防御设施建设，做好气象灾害防御工作。

第十四条 国务院有关部门制定电力、通信等基础设施的工程建设标准，应当考虑气象灾害的影响。

第十五条 国务院气象主管机构应当会同国务院有关部门，根据气象灾害防御需要，编制国家气象灾害应急预案，报国务院批准。

县级以上地方人民政府、有关部门应当根据气象灾害防御规划，结合本地气象灾害的特点和可能造成的危害，组织制定本行政区域的气象灾害应急预案，报上一级人民政府、有关部门备案。

第十六条 气象灾害应急预案应当包括应急预案启动标准、应急组织指挥体系与职责、预防与预警机制、应急处置措施和保障措施等内容。

第十七条 地方各级人民政府应当根据本地气象灾害特点，组织开展气象灾害应急演练，提高应急救援能力。居民委员会、村民委员会、企业事业单位应当协助本地人民政府做好气象灾害防御知识的宣传和气象灾害应急演练工作。

第十八条 大风（沙尘暴）、龙卷风多发区域的地方各级人民政府、有关部门应当加强防护林和紧急避难场所等建设，并定期组织开展建（构）筑物防风避险的监督检查。

台风多发区域的地方各级人民政府、有关部门应当加强海塘、堤防、避风港、防护林、避风锚地、紧急避难场所等建设，并根据台风情况做好人员转移等准备工作。

第十九条 地方各级人民政府、有关部门和单位应当根据本地降雨情况，定期组织开展各种排水设施检查，及时疏通河道和排水管网，加固病险水库，加强对地质灾害易发区和堤防等重要险段的巡查。

第二十条 地方各级人民政府、有关部门和单位应当根据本地降雪、冰冻发生情况，加强电力、通信线路的巡查，做好交通疏导、积雪（冰）清除、线路维护等准备工作。

有关单位和个人应当根据本地降雪情况，做好危旧房屋加固、粮草储备、牲畜转移等准备工作。

第二十一条 地方各级人民政府、有关部门和单位应当在高温来临前做好供电、供水和防暑医药供应的准备工作，并合理调整工作时间。

第二十二条 大雾、霾多发区域的地方各级人民政府、有关部门和单位应当加强对机场、港口、高速公路、航道、渔场等重要场所和交通要道的大雾、霾的监测设施建设，做好交通疏导、调度和防护等准备工作。

第二十三条 各类建（构）筑物、场所和设施安装雷电防护装置应当符合国家有关防雷标准的规定。

对新建、改建、扩建建（构）筑物设计文件进行审查，应当就雷电防护装置的设计征求气象主管机构的意见；对新建、改建、扩建建（构）筑物进行竣工验收，应当同时验收雷电防护装置并有气象主管机构参加。雷电易发区内的矿区、旅游景点或者投入使用的建（构）筑物、设施需要单独安装雷电防护装置的，雷电防护装置的设计审核和竣工验收由县级以上地方气象主管机构负责。

第二十四条 专门从事雷电防护装置设计、施工、检测的单位应当具备下列条件，取得国务院气象主管机构或者省、自治区、直辖市气象主管机构颁发的资质证：

（一）有法人资格；

（二）有固定的办公场所和必要的设备、设施；

（三）有相应的专业技术人员；

（四）有完备的技术和质量管理制度；

（五）国务院气象主管机构规定的其他条件。

从事电力、通信雷电防护装置检测的单位的资质证由国务院气象主管机构和国务院电力或者国务院通信主管部门共同颁发。依法取得建设工程设计、施工资质的单位，可以在核准的资质范围内从事建设工程雷电防护装置的设计、施工。

第二十五条 地方各级人民政府、有关部门应当根据本地气象灾害发生情况，加强农村地区气象灾害预防、监测、信息传播等基础设施建设，采取综合措施，做好农村气象灾害防御工作。

第二十六条 各级气象主管机构应当在本级人民政府的领导和协调下，根据实际情况组织开展人工影响天气工作，减轻气象灾害的影响。

第二十七条 县级以上人民政府有关部门在国家重大建设工程、重大区域性经济开发项目和大型太阳能、风能等气候资源开发利用项目以及城乡规划编制中，应当统筹考虑气候可行性和气象灾害的风险性，避免、减轻气象灾害的影响。

第三章 监测、预报和预警

第二十八条 县级以上地方人民政府应当根据气象灾害防御的需要，建设应急移动气象灾害监测设施，健全应急监测队伍，完善气象灾害监测体系。

县级以上人民政府应当整合完善气象灾害监测信息网络，实现信息资源共享。

第二十九条 各级气象主管机构及其所属的气象台站应当完善灾害性天气的预报系统，提高灾害性天气预报、警报的准确率和时效性。

各级气象主管机构所属的气象台站、其他有关部门所属的气象台站和与灾害性天气监测、预报有关的单位应当根据气象灾害防御的需要，按照职责开展灾害性天气的监测工作，并及时向气象主管机构和有关灾害防御、救助部门提供雨情、水情、风情、旱情等监测信息。

各级气象主管机构应当根据气象灾害防御的需要组织开展跨地区、跨部门的气象灾害联合监测，并将人口密集区、农业主产区、地质灾害易发区域、重要江河流域、森林、草原、渔场作为气象灾害监测的重点区域。

第三十条 各级气象主管机构所属的气象台站应当按照职责向社会统一发布灾害性天气警报和气象灾害预警信号，并及时向有关灾害防御、救助部门通报；其他组织和个人不得向社会发布灾害性天气警报和气象灾害预警信号。

气象灾害预警信号的种类和级别，由国务院气象主管机构规定。

第三十一条 广播、电视、报纸、电信等媒体应当及时向社会播发或者刊登当地气象主管机构所属的气象台站提供的适时灾害性天气警报、气象灾害预警信号，并根据当地气象台站的要求及时增播、插播或者刊登。

第三十二条 县级以上地方人民政府应当建立和完善气象灾害预警信息发布系统，并根据气象灾害防御的需要，在交通枢纽、公共活动场所等人口密集区域和气象灾害易发区域建立灾害性天气警报、气象灾害预警信号接收和播发设施，并保证设施的正常运转。

乡(镇)人民政府、街道办事处应当确定人员，协助气象主管机构、民政部门开展气象灾害防御知识宣传、应急联络、信息传递、灾害报告和灾情调查等工作。

第三十三条 各级气象主管机构应当做好太阳风暴、地球空间暴等空间天气灾害的监测、预报和预警工作。

第四章 应急处置

第三十四条 各级气象主管机构所属的气象台站应当及时向本级人民政府和有关部门报告灾害性天气预报、警报情况和气象灾害预警信息。

县级以上地方人民政府、有关部门应当根据灾害性天气警报、气象灾害预警信号和气象灾害应急预案启动标准，及时作出启动相应应急预案的决定，向社会公布，并报告上一级人民政府；必要时，可以越级上报，并向当地驻军和可能受到危害的毗邻地区的人民政府通报。

发生跨省、自治区、直辖市大范围的气象灾害，并造成较大危害时，由国务院决定启动国家气象灾害应急预案。

第三十五条 县级以上地方人民政府应当根据灾害性天气影响范围、强度，将可能造成人员伤亡或者重大财产损失的区域临时确定为气象灾害危险区，并及时予以公告。

第三十六条 县级以上地方人民政府、有关部门应当根据气象灾害发生情况，依照《中华人民共和国突发事件应对法》的规定及时采取应急处置措施；情况紧急时，及时动员、组织受到灾害威胁的人员转移、疏散，开展自救互救。

对当地人民政府、有关部门采取的气象灾害应急处置措施，任何单位和个人应当配合实施，不得妨碍气象灾害救助活动。

第三十七条 气象灾害应急预案启动后，各级气象主管机构应当组织所属的气象台站加强对气象灾害的监测和评估，启用应急移动气象灾害监测设施，开展现场气象服务，及时向本级人民政府、有关部门报告灾害性天气实况、变化趋势和评估结果，为本级人民政府组织防御气象灾害提供决策依据。

第三十八条 县级以上人民政府有关部门应当按照各自职责，做好相应的应急工作。

民政部门应当设置避难场所和救济物资供应点，开展受灾群众救助工作，并按照规定职责核查灾情、发布灾情信息。

卫生主管部门应当组织医疗救治、卫生防疫等卫生应急工作。

交通运输、铁路等部门应当优先运送救灾物资、设备、药物、食品，及时抢修被毁的道路交通设施。

住房城乡建设部门应当保障供水、供气、供热等市政公用设施的安全运行。

电力、通信主管部门应当组织做好电力、通信应急保障工作。

国土资源部门应当组织开展地质灾害监测、预防工作。

农业主管部门应当组织开展农业抗灾救灾和农业生产技术指导工作。

水利主管部门应当统筹协调主要河流、水库的水量调度，组织开展防汛抗旱工作。

公安部门应当负责灾区的社会治安和道路交通秩序维护工作，协助组织灾区群众进行紧急转移。

第三十九条　气象、水利、国土资源、农业、林业、海洋等部门应当根据气象灾害发生的情况，加强对气象因素引发的衍生、次生灾害的联合监测，并根据相应的应急预案，做好各项应急处置工作。

第四十条　广播、电视、报纸、电信等媒体应当及时、准确地向社会传播气象灾害的发生、发展和应急处置情况。

第四十一条　县级以上人民政府及其有关部门应当根据气象主管机构提供的灾害性天气发生、发展趋势信息以及灾情发展情况，按照有关规定适时调整气象灾害级别或者作出解除气象灾害应急措施的决定。

第四十二条　气象灾害应急处置工作结束后，地方各级人民政府应当组织有关部门对气象灾害造成的损失进行调查，制定恢复重建计划，并向上一级人民政府报告。

第五章　法律责任

第四十三条　违反本条例规定，地方各级人民政府、各级气象主管机构和其他有关部门及其工作人员，有下列行为之一的，由其上级机关或者监察机关责令改正；情节严重的，对直接负责的主管人员和其他直接责任人员依法给予处分；构成犯罪的，依法追究刑事责任：

（一）未按照规定编制气象灾害防御规划或者气象灾害应急预案的；

（二）未按照规定采取气象灾害预防措施的；

(三)向不符合条件的单位颁发雷电防护装置设计、施工、检测资质证的;

(四)隐瞒、谎报或者由于玩忽职守导致重大漏报、错报灾害性天气警报、气象灾害预警信号的;

(五)未及时采取气象灾害应急措施的;

(六)不依法履行职责的其他行为。

第四十四条 违反本条例规定,有下列行为之一的,由县级以上地方人民政府或者有关部门责令改正;构成违反治安管理行为的,由公安机关依法给予处罚;构成犯罪的,依法追究刑事责任:

(一)未按照规定采取气象灾害预防措施的;

(二)不服从所在地人民政府及其有关部门发布的气象灾害应急处置决定、命令,或者不配合实施其依法采取的气象灾害应急措施的。

第四十五条 违反本条例规定,有下列行为之一的,由县级以上气象主管机构或者其他有关部门按照权限责令停止违法行为,处5万元以上10万元以下的罚款;有违法所得的,没收违法所得;给他人造成损失的,依法承担赔偿责任:

(一)无资质或者超越资质许可范围从事雷电防护装置设计、施工、检测的;

(二)在雷电防护装置设计、施工、检测中弄虚作假的。

第四十六条 违反本条例规定,有下列行为之一的,由县级以上气象主管机构责令改正,给予警告,可以处5万元以下的罚款;构成违反治安管理行为的,由公安机关依法给予处罚:

(一)擅自向社会发布灾害性天气警报、气象灾害预警信号的;

(二)广播、电视、报纸、电信等媒体未按照要求播发、刊登灾害性天气警报和气象灾害预警信号的;

(三)传播虚假的或者通过非法渠道获取的灾害性天气信息和气象灾害灾情的。

第六章 附 则

第四十七条 中国人民解放军的气象灾害防御活动,按照中央军事委员会的规定执行。

第四十八条 本条例自2010年4月1日起施行。

地方党政领导干部安全生产责任制规定

第一章 总 则

第一条 为了加强地方各级党委和政府对安全生产工作的领导，健全落实安全生产责任制，树立安全发展理念，根据《中华人民共和国安全生产法》、《中华人民共和国公务员法》等法律规定和《中共中央、国务院关于推进安全生产领域改革发展的意见》、《中国共产党地方委员会工作条例》、《中国共产党问责条例》等中央有关规定，制定本规定。

第二条 本规定适用于县级以上地方各级党委和政府领导班子成员（以下统称地方党政领导干部）。

县级以上地方各级党委工作机关、政府工作部门及相关机构领导干部，乡镇（街道）党政领导干部，各类开发区管理机构党政领导干部，参照本规定执行。

第三条 实行地方党政领导干部安全生产责任制，必须以习近平新时代中国特色社会主义思想为指导，切实增强政治意识、大局意识、核心意识、看齐意识，牢固树立发展决不能以牺牲安全为代价的红线意识，按照高质量发展要求，坚持安全发展、依法治理，综合运用巡查督查、考核考察、激励惩戒等措施，加强组织领导，强化属地管理，完善体制机制，有效防范安全生产风险，坚决遏制重特大生产安全事故，促使地方各级党政领导干部切实承担起“促一方发展、保一方平安”的政治责任，为统筹推进“五位一体”总体布局和协调推进“四个全面”战略布局营造良好稳定的安全生产环境。

第四条 实行地方党政领导干部安全生产责任制，应当坚持党政同责、一岗双责、齐抓共管、失职追责，坚持管行业必须管安全、管业务必须管安全、管生产经营必须管安全。

地方各级党委和政府主要负责人是本地区安全生产第一责任人，班子其他成员对分管范围内的安全生产工作负领导责任。

第二章 职 责

第五条 地方各级党委主要负责人安全生产职责主要包括：

（一）认真贯彻执行党中央以及上级党委关于安全生产的决策部署和指示精神，安全生产方针政策、法律法规；

（二）把安全生产纳入党委议事日程和向全会报告工作的内容，及时组织研究解决安全生产重大问题；

（三）把安全生产纳入党委常委会及其成员职责清单，督促落实安全生产“一岗双责”制度；

（四）加强安全生产监管部门领导班子建设、干部队伍建设和机构建设，支持人大、政协监督安全生产工作，统筹协调各方面重视支持安全生产工作；

（五）推动将安全生产纳入经济社会发展全局，纳入国民经济和社会发展考核评价体系，作为衡量经济发展、社会治安综合治理、精神文明建设成效的重要指标和领导干部政绩考核的重要内容；

（六）大力弘扬生命至上、安全第一的思想，强化安全生产宣传教育和舆论引导，将安全生产方针政策和法律法规纳入党委理论学习中心组学习内容和干部培训内容。

第六条 县级以上地方各级政府主要负责人安全生产职责主要包括：

（一）认真贯彻落实党中央、国务院以及上级党委和政府、本级党委关于安全生产的决策部署和指示精神，安全生产方针政策、法律法规；

（二）把安全生产纳入政府重点工作和政府工作报告的重要内容，组织制定安全生产规划并纳入国民经济和社会发展规划，及时组织研究解决安全生产突出问题；

（三）组织制定政府领导干部年度安全生产重点工作责任清单并定期检查考核，在政府有关工作部门“三定”规定中明确安全生产职责；

（四）组织设立安全生产专项资金并列入本级财政预算、与财政收入保持同步增长，加强安全生产基础建设和监管能力建设，保障监管执法必需的人员、经费和车辆等装备；

（五）严格安全准入标准，推动构建安全风险分级管控和隐患排查治理预防工作机制，按照分级属地管理原则明确本地区各类生产经营单位的安全生产监管部门，依法领导和组织生产安全事故应急救援、调查处理及信息公开工作；

（六）领导本地区安全生产委员会工作，统筹协调安全生产工作，推动构建安全生产责任体系，组织开展安全生产巡查、考核等工作，推动加强高素质专业化安全监管执法队伍建设。

第七条 地方各级党委常委会其他成员按照职责分工，协调纪检监察机关和组织、宣传、政法、机构编制等单位支持保障安全生产工作，动员社会各界力量积极参与、支持、监督安全生产工作，抓好分管行业（领域）、部门（单位）的安全生产工作。

第八条 县级以上地方各级政府原则上由担任本级党委常委的政府领导干部

分管安全生产工作，其安全生产职责主要包括：

（一）组织制定贯彻落实党中央、国务院以及上级及本级党委和政府关于安全生产决策部署，安全生产方针政策、法律法规的具体措施；

（二）协助党委主要负责人落实党委对安全生产的领导职责，督促落实本级党委关于安全生产的决策部署；

（三）协助政府主要负责人统筹推进本地区安全生产工作，负责领导安全生产委员会日常工作，组织实施安全生产监督检查、巡查、考核等工作，协调解决重点难点问题；

（四）组织实施安全风险分级管控和隐患排查治理预防工作机制建设，指导安全生产专项整治和联合执法行动，组织查处各类违法违规行为；

（五）加强安全生产应急救援体系建设，依法组织或者参与生产安全事故抢险救援和调查处理，组织开展生产安全事故责任追究和整改措施落实情况评估；

（六）统筹推进安全生产社会化服务体系建设、信息化建设、诚信体系建设和教育培训、科技支撑等工作。

第九条 县级以上地方各级政府其他领导干部安全生产职责主要包括：

（一）组织分管行业（领域）、部门（单位）贯彻执行党中央、国务院以及上级及本级党委和政府关于安全生产的决策部署，安全生产方针政策、法律法规；

（二）组织分管行业（领域）、部门（单位）健全和落实安全生产责任制，将安全生产工作与业务工作同时安排部署、同时组织实施、同时监督检查；

（三）指导分管行业（领域）、部门（单位）把安全生产工作纳入相关发展规划和年度工作计划，从行业规划、科技创新、产业政策、法规标准、行政许可、资产管理等方面加强和支持安全生产工作；

（四）统筹推进分管行业（领域）、部门（单位）安全生产工作，每年定期组织分析安全生产形势，及时研究解决安全生产问题，支持有关部门依法履行安全生产工作职责；

（五）组织开展分管行业（领域）、部门（单位）安全生产专项整治、目标管理、应急管理、查处违法违规生产经营行为等工作，推动构建安全风险分级管控和隐患排查治理预防工作机制。

第三章 考核考察

第十条 把地方党政领导干部落实安全生产责任情况纳入党委和政府督查督办重要内容，一并进行督促检查。

第十一条 建立完善地方各级党委和政府安全生产巡查工作制度，加强对下级党委和政府的安全生产巡查，推动安全生产责任措施落实。将巡查结果作为对被巡查地区党委和政府领导班子和有关领导干部考核、奖惩和使用的重要参考。

第十二条 建立完善地方各级党委和政府安全生产责任考核制度，对下级党委和政府安全生产工作情况进行全面评价，将考核结果与有关地方党政领导干部履职评定挂钩。

第十三条 在对地方各级党委和政府领导班子及其成员的年度考核、目标责任考核、绩效考核以及其他考核中，应当考核其落实安全生产责任情况，并将其作为确定考核结果的重要参考。

地方各级党委和政府领导班子及其成员在年度考核中，应当按照“一岗双责”要求，将履行安全生产工作责任情况列入述职内容。

第十四条 党委组织部门在考察地方党政领导干部拟任人选时，应当考察其履行安全生产工作职责情况。

有关部门在推荐、评选地方党政领导干部作为奖励人选时，应当考察其履行安全生产工作职责情况。

第十五条 实行安全生产责任考核情况公开制度。定期采取适当方式公布或者通报地方党政领导干部安全生产工作考核结果。

第四章 表彰奖励

第十六条 对在加强安全生产工作、承担安全生产专项重要工作、参加抢险救护等方面作出显著成绩和重要贡献的地方党政领导干部，上级党委和政府应当按照有关规定给予表彰奖励。

第十七条 对在安全生产工作考核中成绩优秀的地方党政领导干部，上级党委和政府按照有关规定给予记功或者嘉奖。

第五章 责任追究

第十八条 地方党政领导干部在落实安全生产工作责任中存在下列情形之一的，应当按照有关规定进行问责：

（一）履行本规定第二章所规定职责不到位的；

（二）阻挠、干涉安全生产监管执法或者生产安全事故调查处理工作的；

（三）对迟报、漏报、谎报或者瞒报生产安全事故负有领导责任的；

（四）对发生生产安全事故负有领导责任的；

（五）有其他应当问责情形的。

第十九条 对存在本规定第十八条情形的责任人员，应当根据情况采取通报、诫勉、停职检查、调整职务、责令辞职、降职、免职或者处分等方式问责；涉嫌职务违法犯罪的，由监察机关依法调查处置。

第二十条 严格落实安全生产"一票否决"制度，对因发生生产安全事故被追究领导责任的地方党政领导干部，在相关规定时限内，取消考核评优和评选各类先进资格，不得晋升职务、级别或者重用任职。

第二十一条 对工作不力导致生产安全事故人员伤亡和经济损失扩大，或者造成严重社会影响负有主要领导责任的地方党政领导干部，应当从重追究责任。

第二十二条 对主动采取补救措施，减少生产安全事故损失或者挽回社会不良影响的地方党政领导干部，可以从轻、减轻追究责任。

第二十三条 对职责范围内发生生产安全事故，经查实已经全面履行了本规定第二章所规定职责、法律法规规定有关职责，并全面落实了党委和政府有关工作部署的，不予追究地方有关党政领导干部的领导责任。

第二十四条 地方党政领导干部对发生生产安全事故负有领导责任且失职失责性质恶劣、后果严重的，不论是否已调离转岗、提拔或者退休，都应当严格追究其责任。

第二十五条 实施安全生产责任追究，应当依法依规、实事求是、客观公正，根据岗位职责、履职情况、履职条件等因素合理确定相应责任。

第二十六条 存在本规定第十八条情形应当问责的，由纪检监察机关、组织人事部门和安全生产监管部门按照权限和职责分别负责。

第六章　附　　则

第二十七条 各省、自治区、直辖市党委和政府应当根据本规定制定实施细则。

第二十八条 本规定由应急管理部商中共中央组织部解释。

第二十九条 本规定自2018年4月8日起施行。

安全生产事故隐患排查治理暂行规定

（《安全生产事故隐患排查治理暂行规定》经2007年12月22日国家安全生产监督管理总局局长办公会议审议通过，2007年12月28日国家安全生产监督管理总局令第16号公布，自2008年2月1日起施行）

第一章 总 则

第一条 为了建立安全生产事故隐患排查治理长效机制，强化安全生产主体责任，加强事故隐患监督管理，防止和减少事故，保障人民群众生命财产安全，根据安全生产法等法律、行政法规，制定本规定。

第二条 生产经营单位安全生产事故隐患排查治理和安全生产监督管理部门、煤矿安全监察机构（以下统称安全监管监察部门）实施监管监察，适用本规定。

有关法律、行政法规对安全生产事故隐患排查治理另有规定的，依照其规定。

第三条 本规定所称安全生产事故隐患（以下简称事故隐患），是指生产经营单位违反安全生产法律、法规、规章、标准、规程和安全生产管理制度的规定，或者因其他因素在生产经营活动中存在可能导致事故发生的物的危险状态、人的不安全行为和管理上的缺陷。

事故隐患分为一般事故隐患和重大事故隐患。一般事故隐患，是指危害和整改难度较小，发现后能够立即整改排除的隐患。重大事故隐患，是指危害和整改难度较大，应当全部或者局部停产停业，并经过一定时间整改治理方能排除的隐患，或者因外部因素影响致使生产经营单位自身难以排除的隐患。

第四条 生产经营单位应当建立健全事故隐患排查治理制度。

生产经营单位主要负责人对本单位事故隐患排查治理工作全面负责。

第五条 各级安全监管监察部门按照职责对所辖区域内生产经营单位排查治理事故隐患工作依法实施综合监督管理；各级人民政府有关部门在各自职责范围内对生产经营单位排查治理事故隐患工作依法实施监督管理。

第六条 任何单位和个人发现事故隐患，均有权向安全监管监察部门和有关部门报告。

安全监管监察部门接到事故隐患报告后，应当按照职责分工立即组织核实并予以查处；发现所报告事故隐患应当由其他有关部门处理的，应当立即移送有关部门并记录备查。

第二章 生产经营单位的职责

第七条 生产经营单位应当依照法律、法规、规章、标准和规程的要求从事生产经营活动。严禁非法从事生产经营活动。

第八条 生产经营单位是事故隐患排查、治理和防控的责任主体。

生产经营单位应当建立健全事故隐患排查治理和建档监控等制度，逐级建立并落实从主要负责人到每个从业人员的隐患排查治理和监控责任制。

第九条 生产经营单位应当保证事故隐患排查治理所需的资金，建立资金使用专项制度。

第十条 生产经营单位应当定期组织安全生产管理人员、工程技术人员和其他相关人员排查本单位的事故隐患。对排查出的事故隐患，应当按照事故隐患的等级进行登记，建立事故隐患信息档案，并按照职责分工实施监控治理。

第十一条 生产经营单位应当建立事故隐患报告和举报奖励制度，鼓励、发动职工发现和排除事故隐患，鼓励社会公众举报。对发现、排除和举报事故隐患的有功人员，应当给予物质奖励和表彰。

第十二条 生产经营单位将生产经营项目、场所、设备发包、出租的，应当与承包、承租单位签订安全生产管理协议，并在协议中明确各方对事故隐患排查、治理和防控的管理职责。生产经营单位对承包、承租单位的事故隐患排查治理负有统一协调和监督管理的职责。

第十三条 安全监管监察部门和有关部门的监督检查人员依法履行事故隐患监督检查职责时，生产经营单位应当积极配合，不得拒绝和阻挠。

第十四条 生产经营单位应当每季、每年对本单位事故隐患排查治理情况进行统计分析，并分别于下一季度 15 日前和下一年 1 月 31 日前向安全监管监察部门和有关部门报送书面统计分析表。统计分析表应当由生产经营单位主要负责人签字。

对于重大事故隐患，生产经营单位除依照前款规定报送外，应当及时向安全监管监察部门和有关部门报告。重大事故隐患报告内容应当包括：

（一）隐患的现状及其产生原因；

（二）隐患的危害程度和整改难易程度分析；

（三）隐患的治理方案。

第十五条 对于一般事故隐患，由生产经营单位（车间、分厂、区队等）负责人或者有关人员立即组织整改。

对于重大事故隐患，由生产经营单位主要负责人组织制定并实施事故隐患治理方案。重大事故隐患治理方案应当包括以下内容：

（一）治理的目标和任务；

（二）采取的方法和措施；

（三）经费和物资的落实；

（四）负责治理的机构和人员；

（五）治理的时限和要求；

（六）安全措施和应急预案。

第十六条 生产经营单位在事故隐患治理过程中，应当采取相应的安全防范措施，防止事故发生。事故隐患排除前或者排除过程中无法保证安全的，应当从危险区域内撤出作业人员，并疏散可能危及的其他人员，设置警戒标志，暂时停产停业或者停止使用；对暂时难以停产或者停止使用的相关生产储存装置、设施、设备，应当加强维护和保养，防止事故发生。

第十七条 生产经营单位应当加强对自然灾害的预防。对于因自然灾害可能导致事故灾难的隐患，应当按照有关法律、法规、标准和本规定的要求排查治理，采取可靠的预防措施，制定应急预案。在接到有关自然灾害预报时，应当及时向下属单位发出预警通知；发生自然灾害可能危及生产经营单位和人员安全的情况时，应当采取撤离人员、停止作业、加强监测等安全措施，并及时向当地人民政府及其有关部门报告。

第十八条 地方人民政府或者安全监管监察部门及有关部门挂牌督办并责令全部或者局部停产停业治理的重大事故隐患，治理工作结束后，有条件的生产经营单位应当组织本单位的技术人员和专家对重大事故隐患的治理情况进行评估；其他生产经营单位应当委托具备相应资质的安全评价机构对重大事故隐患的治理情况进行评估。

经治理后符合安全生产条件的，生产经营单位应当向安全监管监察部门和有关部门提出恢复生产的书面申请，经安全监管监察部门和有关部门审查同意后，方可恢复生产经营。申请报告应当包括治理方案的内容、项目和安全评价机构出具的评价报告等。

第三章 监督管理

第十九条 安全监管监察部门应当指导、监督生产经营单位按照有关法律、法规、规章、标准和规程的要求，建立健全事故隐患排查治理等各项制度。

第二十条 安全监管监察部门应当建立事故隐患排查治理监督检查制度，定期组织对生产经营单位事故隐患排查治理情况开展监督检查；应当加强对重点单位的事故隐患排查治理情况的监督检查。对检查过程中发现的重大事故隐患，应当下达整改指令书，并建立信息管理台账。必要时，报告同级人民政府并对重大事故隐患实行挂牌督办。

安全监管监察部门应当配合有关部门做好对生产经营单位事故隐患排查治理情况开展的监督检查，依法查处事故隐患排查治理的非法和违法行为及其责任者。

安全监管监察部门发现属于其他有关部门职责范围内的重大事故隐患的，应该及时将有关资料移送有管辖权的有关部门，并记录备查。

第二十一条 已经取得安全生产许可证的生产经营单位，在其被挂牌督办的重大事故隐患治理结束前，安全监管监察部门应当加强监督检查。必要时，可以提请原许可证颁发机关依法暂扣其安全生产许可证。

第二十二条 安全监管监察部门应当会同有关部门把重大事故隐患整改纳入重点行业领域的安全专项整治中加以治理，落实相应责任。

第二十三条 对挂牌督办并采取全部或者局部停产停业治理的重大事故隐患，安全监管监察部门收到生产经营单位恢复生产的申请报告后，应当在10日内进行现场审查。审查合格的，对事故隐患进行核销，同意恢复生产经营；审查不合格的，依法责令改正或者下达停产整改指令。对整改无望或者生产经营单位拒不执行整改指令的，依法实施行政处罚；不具备安全生产条件的，依法提请县级以上人民政府按照国务院规定的权限予以关闭。

第二十四条 安全监管监察部门应当每季将本行政区域重大事故隐患的排查治理情况和统计分析表逐级报至省级安全监管监察部门备案。

省级安全监管监察部门应当每半年将本行政区域重大事故隐患的排查治理情况和统计分析表报国家安全生产监督管理总局备案。

第四章 罚　则

第二十五条 生产经营单位及其主要负责人未履行事故隐患排查治理职责，导致发生生产安全事故的，依法给予行政处罚。

第二十六条 生产经营单位违反本规定，有下列行为之一的，由安全监管监察部门给予警告，并处三万元以下的罚款：

（一）未建立安全生产事故隐患排查治理等各项制度的；

（二）未按规定上报事故隐患排查治理统计分析表的；

（三）未制定事故隐患治理方案的；

（四）重大事故隐患不报或者未及时报告的；

（五）未对事故隐患进行排查治理擅自生产经营的；

（六）整改不合格或者未经安全监管监察部门审查同意擅自恢复生产经营的。

第二十七条 承担检测检验、安全评价的中介机构，出具虚假评价证明，尚不够刑事处罚的，没收违法所得，违法所得在五千元以上的，并处违法所得二倍以上五倍以下的罚款，没有违法所得或者违法所得不足五千元的，单处或者并处五千元以上二万元以下的罚款，同时可对其直接负责的主管人员和其他直接责任人员处五千元以上五万元以下的罚款；给他人造成损害的，与生产经营单位承担连带赔偿责任。

对有前款违法行为的机构，撤销其相应的资质。

第二十八条　生产经营单位事故隐患排查治理过程中违反有关安全生产法律、法规、规章、标准和规程规定的，依法给予行政处罚。

第二十九条　安全监管监察部门的工作人员未依法履行职责的，按照有关规定处理。

第五章　附　　则

第三十条　省级安全监管监察部门可以根据本规定，制定事故隐患排查治理和监督管理实施细则。

第三十一条　事业单位、人民团体以及其他经济组织的事故隐患排查治理，参照本规定执行。

第三十二条　本规定自 2008 年 2 月 1 日起施行。

附录2　气象部门内部安全风险分级管控和隐患排查治理工作指南

为深入贯彻落实习近平总书记关于安全生产重要论述精神，进一步强化气象部门内部安全风险分级管控和隐患排查治理，为气象高质量发展提供坚强安全保障，按照国务院安全生产委员会工作部署和中国气象局党组工作要求，制定本指南。

一、总体要求

深入学习贯彻落实习近平总书记关于安全生产重要论述精神，坚持人民至上、生命至上，牢固树立底线思维和极限思维，注重风险防范、关口前移，进一步推进风险分级管控和隐患排查治理规范化、标准化，真正把风险控制在隐患形成之前、把隐患消灭在事故发生之前，保持气象安全生产形势和谐稳定。

二、适用范围

本指南适用于气象部门安全生产管理、内部安全隐患排查整治，包括施工工地、地下空间、食堂、餐厅、实验室、宿舍等特殊点位，外来人员、外聘人员、访问学者和学生等重点人群，外包工程、装修施工、电焊切割、电动车充电等高危行为等安全隐患排查整治。

三、风险分级管控

（一）风险确定

1. 常见潜在风险

按照安全生产工作要求，基于气象部门内部安全生产工作特点，针对易存在且常见的内部安全生产漏洞和薄弱环节，提出了《气象部门内部安全生产常见风险防范清单》（附件1），各级气象部门可对照常见潜在风险点开展排查。

2. 其他潜在风险

《气象部门内部安全生产常见风险防范清单》中未涉及的，各级气象部门应结合实际，围绕人、物、环境、管理等四方面，对照有关标准、法规或依靠分析人员的观察分析能力，对潜在有害因素进行辨识，确定潜在风险，进行风险度分析与评估，明确防控措施，建立本部门《内部安全生产风险防范补充清单》。

（二）风险等级

根据《国务院安委会办公室关于印发标本兼治遏制重特大事故工作指南的通知》（安委办〔2016〕3 号）、《国务院安委会办公室关于实施遏制重特大事故工作指南构建双重预防机制的意见》（安委办〔2016〕11 号），结合气象部门内部安全生产管理实际，以及风险的可控程度、可能性、影响范围和可能造成损害的程度等因素，对气象部门内部安全生产风险进行分级，分为Ⅰ、Ⅱ、Ⅲ、Ⅳ级，用红、橙、黄、蓝分别标识，其中Ⅰ级（红色等级）为重大风险、Ⅱ级（橙色等级）为较大风险、Ⅲ级（黄色等级）为一般风险和Ⅳ级（蓝色等级）为低风险。

Ⅰ级：风险失控可能性极大，发生事故的可能性极大，一旦发生，会造成严重财产损失，或严重人员伤亡，或工作停工；

Ⅱ级：风险可能失控，发生事故的可能性较大，如发生，会造成较大财产损失，或人员伤亡，或较大范围影响正常工作；

Ⅲ级：风险在可控范围内，发生事故的可能性很小，如发生，可能造成一般财产损失，或人员轻微伤害，或小范围影响正常工作；

Ⅳ级：风险在可控范围内，发生事故的可能性极小，如发生，可能造成极小财产损失，几乎不影响正常工作。

（三）风险警示

完善安全风险公告制度，公布本部门的主要风险点、潜在风险点、易发的安全事故、风险等级、管控措施和应急措施，确保管理者和职工都能了解掌握。对存在重大安全风险的重点区域设置风险点警示牌（附件 2，本书略），标明主要风险点、潜在风险、易发的安全事故、管控措施和应急措施及报告电话等内容。对可能导致事故的工作场所、工作岗位，应当设置报警装置，配置现场应急设备设施和撤离通道等。

四、隐患排查治理

（一）排查主体和对象

各级气象部门是本部门安全隐患排查的责任主体，负责组织开展本部门的安全隐患排查工作。排查对象是所有为各项工作正常运行提供保障的场所、设备设施、人员、环境等，重点是气象部门内部安全生产常见风险防范清单和补充清单中所涉及的风险点。

（二）排查内容

排查内容主要是气象部门内部安全生产常见风险防范清单和补充清单中涉及的风险点。根据隐患划分原则，将隐患划分为基础管理类和现场管理类。基础管理类隐患，主要通过查阅资料的方法进行排查，现场管理类隐患则需对工作（含作业）现场进行实地排查。

1. 基础管理类

主要包括以下13类：

（1）生产经营单位资质证照类隐患。生产经营单位资质证照类隐患主要是指生产经营单位在安全生产许可证、消防验收报告、安全评价报告等方面存在缺失或不符合法律法规的问题。

（2）安全生产管理机构及人员类隐患。安全生产管理机构及人员类隐患主要是指各级气象部门未根据自身特点，依据相关法律法规、标准和工作要求，设置安全生产管理机构或者配备专（兼）职安全生产管理人员。

（3）安全生产责任制类隐患。未建立安全生产责任制或责任制建立不完善，未明确单位主要负责人、分管负责人、管理人员和职工安全责任，安全责任没有全覆盖。

（4）安全生产管理制度类隐患。根据气象部门特点，安全生产管理制度主要包括：安全生产教育和培训制度，安全生产检查制度，隐患排查治理制度，具有较大危险因素的场所、设备和设施的安全管理制度，危险作业管理制度，劳动防护用品配备和管理制度，安全生产奖励和惩罚制度，生产安全事故报告和处理制度，有限空间作业安全管理制度，其他保障安全生产和职业健康的规章制度等。缺少某类安全生产管理制度或是某类制度制定不完善时，则称其为安全生产管理制度类隐患。

（5）安全操作规程类隐患。各级气象部门缺少岗位操作规程或是岗位操作规程制定不完善的，则称其为安全操作规程类隐患。

（6）教育培训类隐患。教育培训包括对单位主要负责人、安全管理人员、从业人员以及特殊作业人员的教育培训，各级气象部门应根据相关法律法规，满足培训时间、培训内容的要求。未开展安全生产教育培训或是培训时间、培训内容不达标的，称其为教育培训类隐患。

（7）安全生产管理档案类隐患。安全生产记录档案主要包括：教育培训记录档案，安全检查记录档案，危险场所/设备设施安全管理记录档案，危险作业管理记录档案（如动火证审批），劳动防护用品配备和管理记录档案，安全生产奖惩记录档案，安全生产会议记录档案，事故管理记录档案，变配电室值班记录、检查及巡查记录，职业危害申报档案，职业危害因素检测与评价档案，工伤社会保险缴费记录，安全费用台账等。未建立安全生产管理档案或档案建立不完善的，属于安全生产管理档案类隐患。

(8)安全生产投入类隐患。各级气象部门应结合本单位实际情况，建立安全生产资金保障制度，安全生产资金投入(或称安全费用)，应当专项用于下列安全生产事项，主要包括：安全技术措施工程建设，安全设备、设施的更新和维护，安全生产宣传、教育和培训，技术防范设施设备，劳动防护用品配备，其他保障安全生产的事项。在安全生产投入方面存在的问题和缺陷，称为安全生产投入类隐患。

(9)应急管理类隐患。应急管理包括应急机构和队伍、应急预案和演练、应急设施设备和物资、事故救援等方面的内容。应急机构和队伍方面的内容应包括：制定应急管理制度，按要求和标准建立应急救援队伍，未建立专职救援队伍的要与邻近相关专业专职应急救援队伍签订救援协议、建立救援协作关系，规范开展救援队伍训练和演练。应急预案和演练方面的内容应包括：按规定编制安全生产应急预案，重点作业岗位有应急处置方案或措施，并按规定报当地主管部门备案、通报相关应急协作单位，定期与不定期相结合组织开展应急演练，演练后进行评估总结，根据评估总结对应急预案等工作进行改进。应急设施装备和物资方面的内容应包括：按相关规定和要求建设应急设施、配备应急装备、储备应急物资，并进行经常性检查、维护保养，确保其完好可靠。事故救援方面的内容应包括：事故发生后，立即启动相应应急预案，积极开展救援工作；事故救援结束后进行分析总结，编制救援报告，并对应急工作进行改进。各级气象部门在应急救援方面存在的问题和缺陷，称为应急救援类隐患。

(10)特种设备基础管理类隐患。特种设备属于专项管理，为了加以区分，分为基础管理和现场管理两部分。凡涉及生产经营单位在特种设备相关管理方面不符合法律法规的内容，均归于特种设备基础管理类隐患。这类隐患主要包括特种设备管理机构和人员、特种设备管理制度、特种设备事故应急救援、特种设备档案记录、特种设备的检验报告、特种设备保养记录、特种作业人员证件、特种作业人员培训等内容。

(11)职业卫生基础管理类隐患。与特种设备类似，职业卫生也属于专项管理。凡涉及各级气象部门在职业卫生相关管理方面不符合法律法规的内容，均归于职业卫生基础管理类隐患。这类隐患主要包括职业危害申报、变更申报、职业病防治计划及实施方案、职业卫生管理制度或操作规程、危害因素检测报告、职业危害因素监测及评价、危害告知、设备/化学品材料中文说明书、职业健康监护档案、职业卫生档案、职业卫生机构及人员、职业卫生教育培训、职业卫生应急救援预案等内容。

(12)相关方基础管理类隐患。相关方是指气象部门将属于本单位管理的生产经营项目、场所、房屋、设备发包或者出租给其他单位。涉及相关方的管理问题,属于相关方基础管理类隐患。

(13)其他基础管理类隐患。不属于上述十二种隐患分类的安全生产基础管理类的,属于其他基础管理类隐患。

2. 现场管理类

主要包括以下11类:

(1)特种设备现场管理类隐患。包括锅炉、压力容器(含气瓶)、压力管道、电梯、起重机械、客运索道、大型游乐设施和场(厂)内专用机动车辆,这类设备自身及其现场管理方面存在的缺陷,属于特种设备现场管理类隐患。

(2)生产设备设施及工艺类隐患。生产经营单位生产设备设施及工艺方面存在的缺陷,称为生产设备设施及工艺类隐患。此处的生产设备设施不包括特种设备、电力设备设施、消防设备设施、应急救援设施装备以及辅助动力系统涉及的设备设施。

(3)场所环境类隐患。气象部门的场所环境类隐患主要包括办公环境、生产经营单位的生产环境和车间作业环境、仓库环境、危险化学品作业和储存场所等方面存在的问题和缺陷。

(4)从业人员操作行为类隐患。从业人员"三违"主要包括从业人员违反操作规程进行作业、违反劳动纪律进行作业、负责人违反操作规程指挥从业人员进行作业。从业人员操作行为类隐患包括"三违"行为和个人防护用品佩戴两方面。

(5)消防安全类隐患。各级气象部门消防方面存在的缺陷,称为消防安全类隐患,主要包括应急照明、消防设施与器材等内容。

(6)用电安全类隐患。各级气象部门涉及用电安全方面的问题和缺陷,称为用电安全类隐患,主要包括配电室,配电箱、柜,电气线路敷设,固定用电设备,插座,临时用电,潮湿作业场所用电,安全电压使用等内容。

(7)职业卫生现场安全类隐患。这类隐患主要包括禁止超标作业,检、维修要求,公告栏,警示标识,生产布局,防护设施和个人防护用品等方面存在的问题和缺陷。

(8)有限空间现场安全类隐患。主要包括有限空间作业审批、危害告知、先检测后作业、危害评估、现场监督管理、通风、防护设备、呼吸防护用品、应急救援装备、临时作业等方面存在的问题和缺陷。

(9)辅助动力系统类隐患。辅助系统主要包括压缩空气站、乙炔站、煤气站、天然气配气站、氧气站等为生产经营活动提供动力或其他辅助生产经营活动的系统。其中涉及特种设备的部分归于特种设备现场管理类隐患。

(10)相关方现场管理类隐患。涉及相关方现场管理方面的缺陷和问题,属于相关方现场管理类隐患。

(11)其他现场管理类隐患。不属于上述十种隐患分类的,属于其他现场管理类隐患。

(三)判定标准

在隐患排查过程中是否判定为隐患,应考虑以下方面:

1. 违反法律、法规、规章、标准、规程、规范要求;

2. 不符合气象部门内部安全生产常见风险防范清单和补充清单中对风险点制定的应对措施;

3. 不符合行业主管部门及应急管理部门提出的相关要求;

4. 不符合本单位制定的管理制度、操作规程要求;

5. 违反本单位采取且证明有效的安全和职业卫生管理措施要求。

有以下类型之一的,应判定为重大隐患:

1. 未建立安全生产责任制度的;

2. 未建立风险分级管控和隐患排查治理双重预防机制的;

3. 未对本部门、本单位安全生产工作进行综合统筹,定期开展安全检查的;

4. 隐患排查整治未建立台账或长期整改不到位的;

5. 未按规定开展专业培训或未按规定持有合法资质上岗的。

其中涉及消防、特种设备、危险化学品、建筑施工、人工影响天气、防雷、升放气球、涉氢业务等各方面具体重大隐患判定的,从其规定。

(四)问题建账

各级气象部门应当建立本单位《安全隐患问题台账》(附件 3,本书略),台账一般包括:基本情况,被排(检)查单位、排(检)查时间、排(检)查人等;隐患情况,包括隐患具体位置或场所、隐患类型、具体问题、整改期限等;治理情况,包括责任人、完成整改时间、资金投入、隐患整改措施等;复查验收情况,包括复查验收时间、复查验收结果、复查验收人员及其签字等。

(五)隐患治理

依据《安全生产事故隐患排查治理暂行规定》(安监总局令第 16 号,以下简称《规定》),事故隐患分为一般事故隐患和重大事故隐患。一般事故隐患,是指危害和整改难度较小,发现后能够立即整改排除的隐患。重大事故隐患,是指危害和整改难度较大，应当全部或者局部停产停业，并经过一定时间整改治理方能排除的隐患，或者因外部因素影响致自身难以排除的隐患。

1. 一般隐患治理

隐患整改要求。对于一般事故隐患应由各级气象部门相应级别的负责人或者有关人员组织整改，整改分为立即整改和限期整改。

(1)立即整改。隐患若明显违反操作规程和劳动纪律，如办公设备不断电，属于人的不安全行为的一般隐患，排查人员一旦发现，应当要求立即整改，并如实记录，以备对此类行为统计分析，确定是否是习惯性或群体性隐患。设备设施方面的简单的不安全状态，如安全装置没有启用、现场混乱等物的不安全状态，也可要求立即整改。

(2)限期整改。一些隐患难以做到立即整改，如应急照明不能正常工作，但属于一般隐患，则应限期整改。限期整改通常由排查人员或排查主管部门对隐患所属单位发出"隐患整改通知书"，内容中需要明确列出隐患发现的时间和地点、隐患情况的详细描述、隐患发生原因的分析、隐患整改责任的认定、隐患整改负责人、隐患整改的方法和要求、隐患整改完毕的时间要求等。限期整改需要全过程监督管理，除对整改结果进行"闭环"确认外，也要在整改工作实施期间进行监督。

2. 重大隐患治理

重大隐患要及时进行报告、制定专门治理方案，且由于重大隐患治理的复杂性和较长的周期性，在未完成治理前，要有临时性保护措施和应急预案。治理完成后要书面申请、接受审查。

(1)报告重大事故隐患

工作依据:《规定》第十四条，"……对于重大事故隐患，生产经营单位……，应当及时向安全监管监察部门和有关部门报告。重大事故隐患报告内容应当包括:(一)隐患的现状及其产生原因;(二)隐患的危害程度和整改难易程度分析;(三)隐患的治理方案。"

各级气象部门发现重大事故隐患，应按照当地应急管理部门和有关部门报送要求和流程进行报送。

(2)制定重大事故隐患治理方案

工作依据:《规定》第十五条，"……。对于重大事故隐患，由生产经营单位主要负责人组织制定并实施事故隐患治理方案。重大事故隐患治理方案应当包括以下内容:(一)治理的目标和任务;(二)采取的方法和措施;(三)经费和物资的落实;(四)负责治理的机构和人员;(五)治理的时限和要求;(六)安全措施和应急预案。"

各级气象部门应当按照规定制定重大事故隐患治理方案，若有应急管理部门或属地政府所下达的“整改通知书”或政府挂牌督办的有关内容的要求，应统筹考虑将有关整改要求纳入治理方案。

(3)重大事故隐患治理过程中的安全防护措施

工作依据:《规定》第十六条，“生产经营单位在事故隐患治理过程中，应当采取相应的安全防范措施，防止事故发生。事故隐患排除前或者排除过程中无法保证安全的，应当从危险区域内撤出作业人员，并疏散可能危及的其他人员，设置警戒标志，暂时停产停业或者停止使用；对暂时难以停产或者停止使用的相关生产储存装置、设施、设备，应当加强维护和保养，防止事故发生。”

各级气象部门应当按照规定，落实重大安全隐患治理过程中的安全防护措施，重大事故隐患治理方案中的“安全措施和应急预案”是安全防范措施的重要内容。

(4)重大事故隐患的治理过程

工作依据:《规定》第二十一条，“已经取得安全生产许可证的生产经营单位，在其被挂牌督办的重大事故隐患治理结束前，安全监管监察部门应当加强监督检查。必要时，可以提请原许可证颁发机关依法暂扣其安全生产许可证。”第二十二条，“安全监管监察部门应当会同有关部门把重大事故隐患整改纳入重点行业领域的安全专项整治中加以治理，落实相应责任。”

各级气象部门在重大事故隐患治理过程中，要接受和配合应急管理部门的重点监督检查。

(5)重大事故隐患治理情况评估

工作依据:《规定》第十八条，“地方人民政府或者安全监管监察部门及有关部门挂牌督办并责令全部或者局部停产停业治理的重大事故隐患，治理工作结束后，有条件的生产经营单位应当组织本单位的技术人员和专家对重大事故隐患的治理情况进行评估；其他生产经营单位应当委托具备相应资质的安全评价机构对重大事故隐患的治理情况进行评估。”

各级气象部门应当委托具有一定条件和资质的技术人员和专家或有关相应合法资质的安全评价机构，开展整改效果评估，确保重大隐患整改成效。

(6)重大事故隐患治理完成的后续工作

工作依据:《规定》第十八条，“经治理后符合安全生产条件的，生产经营单位应当向安全监管监察部门和有关部门提出恢复生产的书面申请，经安全监管监察部门和有关部门审查同意后，方可恢复生产经营。申请报告应当包括治理方案的内容、项目和安全评价机构出具的评价报告等。”

各级气象部门应当及时向有关部门报告重大事故隐患治理结果并通过审查，确保重大事故隐患治理达到预期效果。

3. 隐患治理措施

隐患治理通过具体治理措施实现，治理措施主要分为工程技术措施和管理措施，以及重大隐患治理时的临时性防护和应急措施。

(1)治理措施的基本要求

①能消除或减弱生产过程中产生的危险、有害因素；

②有效处置危险和有害物，并降低到国家规定的限制内；

③预防生产装置失灵和操作失误产生的危险、有害因素；

④能有效预防重大事故和职业危害的发生；

⑤发生意外事故时，能为遇险人员提供自救和互救条件。

隐患治理方式方法多种多样，难以彻底消除隐患时，应当在遵守法律法规和标准规范前提下，采取有效治理措施，将风险降低到可接受的程度。同时，应当对低等级的隐患进行科学分析，防止小隐患酿成大事故。

例如，职工下班未切断一般用电设备电源是一个典型的低级隐患，其治理方式主要是以教育提醒为主，通常无需制定治理方案。但经过经常统计分析，发现这种现象普遍存在，成为一种习惯性或群体性违规，则需将其隐患级别上升，并制定治理方案，采取多种措施和手段进行治理。

(2)工程技术措施

工程技术措施的实施等级顺序是直接安全技术措施、间接安全技术措施、指示性安全技术措施等。根据等级顺序要求，应按消除、预防、减弱、隔离、连锁、警告的顺序选择安全技术措施。技术措施应具有针对性、可操作性和经济合理性并符合国家有关法规、标准和设计规范的规定。

根据安全技术措施等级顺序的要求，应遵循以下具体原则。

①消除：尽可能从根本上消除危险、有害因素。如采用无害化工艺技术，生产中以无害物质代替有害物质，实现自动化作业、遥控技术等。

②预防：当消除危险、有害因素有困难时，可采取预防性技术措施，预防危险、危害的发生，如使用安全阀、安全屏护、漏电保护装置、安全电压、防爆膜等。

③减弱：在无法消除危险、有害因素和难以预防的情况下，可采取减少危险、危害的措施，如局部通风排毒装置、生产中以低毒性物质代替高毒性物质、降温措施、避雷装置、消除静电装置、减振装置等。

④隔离：在无法消除、预防、减弱的情况下，应将人员与危险、有害因素隔离和将不能共存的物质分开。如遥控作业、安全罩、防护屏、隔离操作间、安全距离、事故发生时的自救装置(如防护服、各类防毒面具)等。

⑤连锁：当操作者失误或设备运行一旦达到危险状态时，应通过连锁装置终止

危险、危害发生。

⑥警告：在易发生故障和危险性较大的地方，配置醒目的安全色、安全标志；必要时设置声、光或声光组合报警装置。

(3)安全管理措施

安全管理措施能够系统性解决普遍和长期存在的隐患，在治理时，应当主动地、有意识地研究分析隐患产生原因中的管理因素，发现和掌握其管理规律，通过修订有关规章制度和操作规程并贯彻执行来从根本上解决问题。

4. 闭环管理

闭环管理是安全生产管理的基本要求，对任何一个过程的管理最终都要通过“闭环”才能结束。隐患在治理完成后，责任主体单位应当对治理结果进行验证和效果评估。验证就是检查措施的实现情况，是否按方案和计划要求一一落实；效果评估就是对治理的结果是彻底解决了全部问题还是部分解决了问题，是否达到了某种可接受程度，是否真正能做到“预防为主”等方面进行评估。同时，应当防止所采取的隐患治理措施带来或产生新的隐患。

附件 1　气象部门内部安全生产常见风险防范清单

<table>
<tr><th rowspan="2">风险因素</th><th rowspan="2">序号</th><th rowspan="2">风险点</th><th rowspan="2">潜在风险</th><th rowspan="2">易发的安全问题</th><th colspan="3">安全风险等级参考</th><th rowspan="2">主要应对措施</th><th rowspan="2">责任单位</th></tr>
<tr><th>可能性（1—5）</th><th>严重性（1—5）</th><th>风险等级（Ⅳ—Ⅰ）</th></tr>
<tr><td colspan="10">一、组织领导与制度建设（6 项）</td></tr>
<tr><td>人员（1 项）</td><td>1</td><td>安全管理业务能力</td><td>各级安全管理人员履职能力不强</td><td>安全职责履职不到位，无法有效预防和高效处置各类事故</td><td>5</td><td>5</td><td>Ⅰ</td><td>定期参加或组织开展安全队伍培训，提升专业素质</td><td></td></tr>
<tr><td rowspan="3">管理（5 项）</td><td rowspan="2">2</td><td rowspan="2">安全生产管理组织机构</td><td>未建立安全生产工作组织机构</td><td rowspan="3">安全管理混乱，责任难以落实，易发生各种事故，事故发生后难以有效处置</td><td>5</td><td>5</td><td>Ⅰ</td><td>1. 成立以主要负责人或分管安全工作的领导为组长的安全生产工作组织机构；
2. 建立相关组织机构工作制度</td><td></td></tr>
<tr><td>安全生产工作组织机构履职不到位</td><td>5</td><td>5</td><td>Ⅰ</td><td>定期召开工作会议，专题研究部署安全生产工作</td><td></td></tr>
<tr><td>3</td><td>安全生产责任制</td><td>未建立或未落实安全生产责任制</td><td>5</td><td>5</td><td>Ⅰ</td><td>1. 按照“党政同责、一岗双责”和“三个必须”要求，明确主要负责人、分管安全生产的负责人和其他负责人的安全生产责任；
2. 逐级落实安全生产责任，把安全责任落实到每个环节、每个岗位和每个人员，并签订相关责任书；
3. 组织开展全员参加的安全生产培训，提升履职能力</td><td></td></tr>
</table>

续表

风险因素	序号	风险点	潜在风险	易发的安全问题	安全风险等级参考			主要应对措施	责任单位
					可能性（1—5）	严重性（1—5）	风险等级（Ⅳ—Ⅰ）		
管理（5项）	4	安全管理部门	未按规定成立安全生产管理机构，及配备专兼职安全生产管理人员	安全管理混乱，责任难以落实，易发生各种事故，事故发生后难以有效处置	5	5	Ⅰ	建立安全生产管理机构，并配备专兼职安全生产管理人员	
	5	安全生产管理制度	制度缺失，无安全生产管理制度或制度不健全		5	5	Ⅰ	1. 按照国家和安全生产主管部门要求，结合本部门实际，建立健全消防、交通、用电、食堂管理、建筑物管理等安全生产工作制度； 2. 根据岗位安全管理要求，制定各个岗位安全操作规程	
			制度不切合部门实际		4	2	Ⅲ	制度制定时广泛听取相关人员意见建议，制度执行过程根据实际情况及时修订完善，确保制定与实际情况一致	
			制度贯彻落实不到位		3	2	Ⅳ	1. 加强对制度的宣传； 2. 对制度落实不到位的单位采取约谈、通报、督办等措施，限期落实； 3. 落实制度上墙工作要求	

续表

风险因素	序号	风险点	潜在风险	易发的安全问题	安全风险等级参考			主要应对措施	责任单位
					可能性（1—5）	严重性（1—5）	风险等级（Ⅳ—Ⅰ）		
管理（5 项）	6	应急预案与演练	无应急预案或预案不健全	事故处置无序，并出现偏差	5	5	Ⅰ	按照国家和安全生产主管部门要求，结合实际，建立健全总体应急处置预案和内部安全生产工作各专项应急处置预案，形成预案体系	
			预案执行不到位，可操作性不强	发生突发事件无法使用	4	2	Ⅲ	1. 加强对相关预案的宣传； 2. 定期开展应急演练，检验相关预案的可操作性，熟悉预案各环节操作程序	
			应急演练无序混乱，无针对性，成效不佳	发生事故，应急逃生和处置技能未能提升	3	2	Ⅳ	1. 演练前制定详细演练方案，严格执行方案要求； 2. 有针对性开展应急疏散、事故处置等专项演练	
二、消防安全管理（8 项）									
人员（1 项）	1	操作技能	发生火灾时，有关人员不能按照要求正确使用消防器材、设备设施、消防系统，使火灾危害扩大	发生火灾时不能及时有效扑救	5	5	Ⅰ	1. 加强专项应急演练和操作技能教育培训，全体职工熟练掌握灭火器和消火栓的使用方法，做到会报警、会灭初期火灾、会疏散逃生； 2. 消防控制室操作人员需持证上岗	

续表

风险因素	序号	风险点	潜在风险	易发的安全问题	安全风险等级参考			主要应对措施	责任单位
					可能性（1—5）	严重性（1—5）	风险等级（Ⅳ—Ⅰ）		
设备（2项）	2	产品合格	发生火灾时，因使用设计不符合要求、质量不合格，或无法正常使用的灭火器、消火栓、消防安全疏散标识、消防应急照明灯、消防给水设施、自动灭火设施、火灾自动报警设施、消防供电设施、消防中控设施、防烟和排烟设施等，使火灾危害扩大	发生火灾时不能及时有效扑救	4	5	Ⅰ	1. 使用设计符合要求、质量合格的消防设备设施； 2. 由专业人员负责消防设备设施的定期检查、检测、维修保养，并建立完善相关记录； 3. 对使用周期较短的设备配件，要预留备件	
	3	消防标识	发生火灾时，因灭火器、消火栓摆放位置无标识或标识不明显，造成无法及时处置火情，使火灾危害扩大	发生火灾时不能及时有效扑救	5	5	Ⅰ	1. 灭火器应摆放在明显、便于取用的地点，摆放点须张贴标识，标明类型、使用方法、编号、责任人等，对有视线障碍的灭火器设置点，应设置指示其位置的发光标识； 2. 在消火栓箱门上应张贴消火栓箱标识，并标明使用方法	

续表

风险因素	序号	风险点	潜在风险	易发的安全问题	安全风险等级参考			主要应对措施	责任单位
					可能性（1—5）	严重性（1—5）	风险等级（Ⅳ—Ⅰ）		
环境（2项）	4	安全通道环境	发生火灾时，因消防车道、安全出口、疏散通道堵塞、封闭，消防人员和灭火车辆无法及时赶到，火灾现场人员无法及时逃生，使火灾危害扩大	发生火灾时不能及时有效扑救	5	5	Ⅰ	1. 在相关出口通道设置警示标识； 2. 加强职工的安全意识、安全责任教育； 3. 加强巡检，及时清理障碍，确保相关出口通道畅通，不被封闭	
	5	设施环境	发生火灾时，因灭火器、消火栓、消防安全疏散标识、消防应急照明灯、烟感、喷淋等设备设施被遮挡、上锁或拴系，造成无法使用及发挥功能，使火灾危害扩大	发生火灾时不能及时有效扑救	5	5	Ⅰ	1. 加强职工的安全意识、安全责任教育； 2. 加强巡检，及时清理障碍； 3. 对于潮湿、腐蚀性场所应对相关设施采取防潮、防腐蚀措施	
			寒冷地区的消防水箱和室内外消防管道结冰，无法使用，使火灾危害扩大	发生火灾时不能及时有效扑救	5	5	Ⅰ	按照消防规范要求，采取加装保温层等方法措施	

续表

风险因素	序号	风险点	潜在风险	易发的安全问题	安全风险等级参考			主要应对措施	责任单位
					可能性（1—5）	严重性（1—5）	风险等级（Ⅳ—Ⅰ）		
管理（3项）	6	配备数量	发生火灾时，因灭火器、消火栓、消防安全疏散标识、消防应急照明灯、烟感、喷淋等设备设施未按国家有关规范、标准要求配备足够数量，及灭火器不符合事发场所特点配备，使火灾危害扩大	发生火灾时不能及时有效扑救	4	4	Ⅱ	1. 按照国家有关规范、标准和要求，配足配齐消防设施设备； 2. 应根据场所内的物质及燃烧特点，以及可燃物数量、火灾蔓延速度、扑救难易程度等因素选择配备不同类型的灭火器	
	7	巡查检查	未定期组织防火巡查、检查，使安全隐患未能及时发现和消除	易造成火灾事故	5	4	Ⅰ	定期组织开展防火巡查、检查，发现隐患及时消除，并建立完善相关记录	
	8	教育培训	消防安全意识淡薄；发生火灾时，不能有效开展初火处置、疏散逃生	发生火灾时不能及时有效扑救	5	4	Ⅰ	围绕“四个能力”建设开展形式多样的消防安全教育培训，增强安全意识和责任意识，强化处置能力和有关技能	
三、交通安全管理（12项）									
人员（4项）	1	用工合同	聘用的工作车辆（公务、业务用车，应急指挥车、垃圾装运车等特种车辆，下同）驾驶员未签署劳动用工合同，或合同不规范，影响聘用人员的权益、心理、情绪和工作态度，或产生劳资纠纷无依据，使行车安全无法保障	管理难度增加，易发生交通事故	5	5	Ⅰ	按照劳动法相关要求签订劳动用工合同并严格执行	

续表

风险因素	序号	风险点	潜在风险	易发的安全问题	安全风险等级参考			主要应对措施	责任单位
					可能性（1—5）	严重性（1—5）	风险等级（Ⅳ—Ⅰ）		
人员（4项）	2	操作技能	工作车辆驾驶员无所驾车型的驾驶证件；不能熟练按照车辆驾驶规程驾驶；安全操作意识不强，使行车安全无法保障	造成车辆过早故障或道路交通安全事故	5	5	Ⅰ	1. 工作车辆驾驶员不得无证驾驶或超范围驾驶； 2. 加强工作车辆驾驶员驾驶技能培训； 3. 定期开展交通安全警示教育，提高安全责任意识，并建立完善培训档案	
	3	安全行为	驾驶员、车管人员、乘车人员安全意识淡薄，驾驶员存在危险驾驶、不文明驾驶等不遵守交通法规行为，及驾驶非准驾车型；车管人员和乘车人员不重视交通法规，乘车人员违规指挥工作用车驾驶员驾驶，使行车安全无法保障	造成交通违章违法或道路交通安全事故	5	5	Ⅰ	1. 加强各类人员交通安全教育，提高安全责任意识，并建立完善培训档案； 2. 建立工作车辆驾驶员和车管人员考核奖惩机制，增强责任感和安全意识； 3. 组织工作车辆驾驶员签订交通安全责任书	
	4	健康状况	因身体状况原因，无法正常驾驶机动车辆，使行车安全无法保障	造成交通违章违法或道路交通安全事故	5	3	Ⅱ	定期组织工作车辆驾驶员体检，了解身体状况，并建立完善健康档案	

续表

风险因素	序号	风险点	潜在风险	易发的安全问题	安全风险等级参考			主要应对措施	责任单位
					可能性（1—5）	严重性（1—5）	风险等级（Ⅳ—Ⅰ）		
设备（4 项）	5	车辆检验	工作车辆未按规定经过公安交通管理部门技术检测，使行车安全无法保障	造成道路交通安全事故	5	5	Ⅰ	督促相关单位或人员严格按规定进行检查，及时消除机动车的机械隐患	
	6	维护保养	工作车辆未按使用手册进行维修保养，使行车安全无法保障	造成道路交通安全事故	5	5	Ⅰ	1. 督促相关单位或人员按照车辆使用手册要求进行维修保养； 2. 定期开展工作用车自查，发现问题及时维修 3. 建立完善相关维修保养记录	
	7	车辆保险	工作车辆未按要求购买保险，或保险过期未及时续保，使行车安全无法保障	发生道路交通事故后，给单位造成经济损失	5	2	Ⅲ	督促相关单位或人员按规定购买保险，并建立完善相关记录	
	8	车库设施	未在地下车库进出车通道转弯处等盲区设置减速设施、警示标语等防护措施	发生交通事故	5	2	Ⅱ	在地下车库进出车通道有关盲区采取设置减速设施、张贴警示标语等防护措施	

续表

风险因素	序号	风险点	潜在风险	易发的安全问题	安全风险等级参考			主要应对措施	责任单位
					可能性（1—5）	严重性（1—5）	风险等级（Ⅳ—Ⅰ）		
环境（2项）	9	院内驾车	单位院内，机动车不按照规定地点停放、规定线路行驶、与行人争道驾驶，使行车安全和行人安全无法保障	发生交通事故，及造成行人受伤	5	2	Ⅱ	1. 严格加强入院车辆行驶停放管理； 2. 加强职工交通安全教育； 3. 制定院内车辆限速规定； 4. 有条件的可实行人车分离制度	
	10	院外停放	工作用车在本单位管理场所外，随意停放在非停车地点和场所	发生交通事故，或车辆丢失、损坏	2	5	Ⅱ	1. 建立或租用合格的停车场所； 2. 车辆需停放在正规停车场所； 3. 建立完善车辆出入库制度	
管理（2项）	11	租赁管理	租用非取得运营资质的车辆使用	发生交通事故	2	5	Ⅱ	按照国家或地方机动车租赁相关规定，租用符合规定的机动车	
	12	教育培训	交通安全意识淡薄	发生交通事故	5	4	Ⅰ	开展形式多样的交通安全教育培训，增强交通安全意识和责任意识	

续表

风险因素	序号	风险点	潜在风险	易发的安全问题	安全风险等级参考			主要应对措施	责任单位
					可能性（1—5）	严重性（1—5）	风险等级（Ⅳ—Ⅰ）		
四、建（构）筑物安全（39项）									
（一）在建工程安全（7项）									
设备（4项）	1	规范建设	在建工程未按照国家有关规范要求进行建设	易造成火灾、倒塌、触电、水淹等各种安全事故	5	5	Ⅰ	1. 按照国家有关规范要求建设，并通过住建、消防等验收； 2. 聘请专业的项目管理公司和项目监理公司参与项目建设管理	
	2	警示围挡	施工机械周边无警示标识、无围挡	发生伤害事件	5	4	Ⅰ	1. 加强安全教育，提醒职工注意安全； 2. 加强对施工单位的管理，督促施工单位设置警示标识，建立相关围挡和防护措施； 3. 与施工单位签订安全责任书； 4. 聘请专业项目管理公司参与项目建设管理	
			施工工地缺少有效围挡和警示标识，职工随意进出施工工地		4	4	Ⅱ		
	3	产品合格	在建工程使用了设计不符合要求、质量不合格的建设材料、设备设施	易造成安全事故	5	5	Ⅰ	使用经国家质量认证的质量合格产品	
	4	物料堆放	施工物料堆放杂乱，未采取有效措施防范倒塌，或警示提醒	发生倒塌伤人事件	4	4	Ⅱ	1. 物料码放要整齐，并采取有效措施防范物料倒塌； 2. 物料堆放地点应加设防护围挡； 3. 设置警示标语	

续表

风险因素	序号	风险点	潜在风险	易发的安全问题	安全风险等级参考			主要应对措施	责任单位
					可能性(1—5)	严重性(1—5)	风险等级(Ⅳ—Ⅰ)		
环境(1项)	5	管线保护	未向施工单位提供或告知施工现场内部或周边地下管网、弱电管井、消防喷淋等管线情况，造成管线破坏	影响正常工作生活	5	4	Ⅰ	1. 在未施工前向施工单位提供或告知相关地下管网、弱电管井等管线情况； 2. 时时督促施工单位注意文明施工； 3. 聘请项目管理公司参与项目建设管理	
管理(2项)	6	安全责任	未与施工单位签订施工安全责任书	发生各类安全事故，责任认定不清	5	3	Ⅱ	1. 在施工前与施工单位签订安全责任书，告知安全责任； 2. 聘请专业项目管理公司参与项目建设过程中的安全监管	
	7	施工人员管理	未要求施工单位提供现场施工人员花名册	因施工人员情况复杂，容易发生治安或财务失窃案件	5	3	Ⅱ	1. 要求施工单位在施工前提供现场施工人员花名册及身份证复印件； 2. 加强安全教育，提醒职工注意安全； 3. 督促施工单位加强对施工人员的管理； 4. 与施工单位签订安全责任书； 5. 聘请专业项目管理公司参与项目建设管理	

续表

风险因素	序号	风险点	潜在风险	易发的安全问题	安全风险等级参考			主要应对措施	责任单位
					可能性（1—5）	严重性（1—5）	风险等级（Ⅴ—Ⅰ）		
（二）房间建筑通用安全（12项）									
人员（1项）	1	操作技能	房屋建筑修缮维护人员不具有专业技能和相关资格认证	不能保证修缮维护的质量，造成安全事故	5	5	Ⅰ	1. 加强修缮维护人员培训和管理，相关专业如电工等需持证上岗； 2. 聘请专业机构和专业人员进行修缮维护	
设备（6项）	2	产品合格	在房屋修缮维护和附属设备设施更换中使用了设计不符合要求、质量不合格的各类建材、设备设施	易造成安全事故	5	5	Ⅰ	1. 购置使用符合国家标准和要求的设备设施和材料； 2. 由专业人员负责相关设备设施的定期检查、检测、维修保养，并建立完善相关记录； 3. 对使用周期较短的设备配件，要预留备件	
			相关设备设施未定期进行维护保养		5	4	Ⅰ		
	3	室外设施	空调外机、广告牌、屋顶露台等室外悬挂物、搭建物年久失修固定不牢固，或锈蚀严重	坠落伤人	4	5	Ⅰ	1. 定期检查，发现问题及时维修； 2. 发现隐患，应及时设警示牌或用警戒线隔离	
			旗杆、宣传栏设立时间久，锈蚀不牢固；底座老化、破损	易倒伤人	4	5	Ⅰ		
			自行车棚、临建设施不牢固	坍塌砸人事件	4	4	Ⅱ		
			假山池塘石头脱落、水太深	发生溺水或坍塌伤人事件	4	4	Ⅱ	1. 增设防护措施； 2. 设立警示标识； 3. 定期对石头进行检查，发现松动及时清理	

续表

风险因素	序号	风险点	潜在风险	易发的安全问题	安全风险等级参考			主要应对措施	责任单位
					可能性（1—5）	严重性（1—5）	风险等级（Ⅳ—Ⅰ）		
设备（6项）	4	护栏	高层建筑物室内外护栏高度不符合要求	发生意外坠楼事故	4	4	Ⅱ	加高护栏至标准高度	
	5	防盗窗（网）	防盗窗、防盗网未开逃生窗口	发生火灾时难以逃生	4	4	Ⅱ	及时改进，开辟逃生窗口	
	6	防雷设施	缺少防雷设施或防雷设施损坏、失效	雷击伤害	5	5	Ⅰ	安装防雷设施，注意位置合理，经常检修，并做好相关记录	
	7	玻璃门	玻璃门不易被发现	撞到玻璃上受伤	5	2	Ⅲ	玻璃门上要粘贴图画或提示语等	
环境（4项）	8	脱落破损	外墙出现裂缝，墙皮、瓷砖、窗户玻璃脱落	坠落、倒塌伤人等事故	5	2	Ⅲ	1. 定期排查，及时修复； 2. 出现隐患墙体、地面周边应设围挡，或加装防护网，或用警戒线隔离	
			地面、墙面破损	摔倒、碰伤事故	5	2	Ⅲ		
	9	渗水	建筑外墙、屋顶渗水	改变承重结构，可能引发倒塌事故	5	2	Ⅲ	定期检查，及时修缮	
	10	地面湿滑	雨雪天气瓷砖地面湿滑	摔倒伤人事件	5	2	Ⅲ	1. 使用烘干或干墩布等及时清除； 2. 在门厅入口等地铺设防滑垫； 3. 湿滑地面周边放置警示标语	
			环境卫生保洁造成地面湿滑		5	2	Ⅲ		

续表

风险因素	序号	风险点	潜在风险	易发的安全问题	安全风险等级参考			主要应对措施	责任单位
					可能性（1—5）	严重性（1—5）	风险等级（Ⅳ—Ⅰ）		
环境（4 项）	11	楼体结构	随意改变楼体原结构，存在拆除承重柱、墙、梁等现象	发生倒塌事故	5	5	Ⅰ	不得随意改变楼体原结构，如进行结构拆除或改变，需经过具有相关资质的建筑检测和改造单位出具相关符合法律规定的证明材料	
管理（1 项）	12	维修管理	巡检巡查不规范，维修不及时	因未发现隐患或处理不及时造成房屋受损或影响正常工作	4	3	Ⅲ	1. 建立巡查巡检维护制度； 2. 聘请专业的物业公司或后勤保障单位负责房屋的物业管理	
（三）会商室等重点业务平台（2 项）									
管理（2 项）	1	防火防范	防火措施不到位	发生火灾事故	4	5	Ⅰ	1. 严禁明火； 2. 加强用电安全管理； 3. 配备灭火器、喷淋等灭火设施	
	2	安保防范	人员出入杂乱	破坏或失窃事故	4	5	Ⅰ	1. 制定严格的人员进出管理规定； 2. 加装电子控制门； 3. 重点部位安装监控视频	

续表

风险因素	序号	风险点	潜在风险	易发的安全问题	安全风险等级参考			主要应对措施	责任单位
					可能性（1—5）	严重性（1—5）	风险等级（Ⅳ—Ⅰ）		
（四）财务核算中心、财务室、保密室（2项）									
管理（2项）	1	防火防范	防火措施不到位	发生火灾事故	4	5	Ⅰ	1. 严禁明火； 2. 加强用电安全管理； 3. 配备灭火器等灭火设施	
	2	安保防范	防盗、监控设施缺失	失窃或泄密事件	4	5	Ⅰ	依据国家标准安装防盗门、防盗窗、视频监控等，配备保险箱（柜）	
（五）图书、资料、档案室（2项）									
管理（2项）	1	防火防范	防火措施不到位	发生火灾事故	4	5	Ⅰ	1. 严禁明火； 2. 加强用电安全管理； 3. 配备灭火器等灭火设施	
	2	防潮防范	防潮措施不到位	图书资料受潮损坏	4	5	Ⅰ	做好温度检测，增加除湿等设备	
（六）计量、实验场所（6项）									
人员（1项）	1	操作技能	相关人员未按照操作规程使用各类仪器设备或易燃易爆危险品	发生事故	5	5	Ⅰ	1. 加强安全教育培训，强化安全责任意识和防范意识； 2. 开展安全操作培训，按照操作规程规范操作	

续表

风险因素	序号	风险点	潜在风险	易发的安全问题	安全风险等级参考			主要应对措施	责任单位
					可能性（1—5）	严重性（1—5）	风险等级（Ⅳ—Ⅰ）		
管理（5项）	2	危险品管理	危险易燃品、化学品等管理不严，存在丢失、随意领取使用等现象	发生火灾、爆炸等安全事故	5	3	Ⅱ	1. 制定相关管理制度； 2. 做好使用登记管理	
	3	设备管理	各类仪器设备随意堆放	发生事故，影响逃生疏散	5	3	Ⅱ	仪器设备合理码放，不得堵塞消防器材、逃生通道	
	4	防火防范	防火措施不到位	发生火灾事故	5	5	Ⅰ	1. 加强用电安全、危险品的管理； 2. 配备灭火器、喷淋等灭火设施	
	5	制度上墙	会引发安全事故的操作无操作规程或操作规程未上墙	发生事故	5	5	Ⅰ	对在操作过程中可能引发安全事故的各个操作环境，制定操作规程并上墙	
	6	安保防范	人员出入杂乱	破坏或失窃事故	5	5	Ⅰ	1. 制定严格的人员进出管理规定； 2. 加装电子控制门； 3. 重点部位安装监控视频	

续表

风险因素	序号	风险点	潜在风险	易发的安全问题	安全风险等级参考			主要应对措施	责任单位
					可能性（1—5）	严重性（1—5）	风险等级（Ⅳ—Ⅰ）		
（七）机房（3项）									
管理（3项）	1	防火防范	防火措施不到位，强弱电接线混乱，插线板老旧	发生火灾事故	5	5	Ⅰ	1. 严禁明火； 2. 加强用电安全管理； 3. 配备气体灭火等灭火设施； 4. 规范走线，不存在线路缠绕现象，使用通过国家强制认证的合格接线板	
	2	网络管井管理	管井中线路走线不规范，或存在与强电混用现象	发生火灾事故	5	5	Ⅰ	1. 加强检查，发现问题及时整改； 2. 规范走线，不存在缠绕、混乱现象； 3. 严格执行强弱电分离布线要求	
	3	安保防范	人员出入杂乱	破坏或失窃事故	5	5	Ⅰ	1. 制定严格的人员进出管理规定； 2. 加装电子控制门； 3. 重点部位安装监控视频	
（八）地下空间（1项）									
管理（1项）	1	防火防范	存在在地下空间做饭的情况	发生火灾事故	5	3	Ⅱ	1. 严禁明火； 2. 加强用电安全管理； 3. 配备灭火器、喷淋等灭火设施	
			存放易燃易爆危险品		5	3	Ⅱ		

续表

风险因素	序号	风险点	潜在风险	易发的安全问题	安全风险等级参考			主要应对措施	责任单位
					可能性（1—5）	严重性（1—5）	风险等级（Ⅳ—Ⅰ）		
（九）特种设备用房（4 项）									
人员（1 项）	1	操作技能	电梯、供电、供水、供暖、排水等特种作业相关维修保养技术人员不具有专业技能和相关资格认证	发生事故	5	5	Ⅰ	1. 加强特种设备使用管理、维修保养人员培训和管理，相关专业需持证上岗； 2. 聘请专业机构和专业人员进行维修保养； 3. 加强相关人员岗位培训	
			电梯、供电、供水、供暖、排水等特种作业设施管理人员不能正确操作相关设施，或处理运行中出现的各种紧急状况	易造成安全事故	4	3	Ⅲ		
管理（3 项）	2	安全警示	安全警示标识缺失	发生事故	4	4	Ⅱ	1. 在特种设备用房外显著位置张贴安全警示标识； 2. 采用上锁的措施防止无关人员进入	
	3	防范管理	防护措施不到位	发生事故	5	5	Ⅰ	1. 严禁明火； 2. 加强用电安全管理； 3. 配备灭火器、喷淋等灭火设施； 4. 安装防火设施	
	4	制度上墙	会引发安全事故的操作无操作规程或操作规程未上墙	发生事故	5	5	Ⅰ	对在操作过程中可能引发安全事故的各个操作环境，制定操作规程并上墙	

续表

风险因素	序号	风险点	潜在风险	易发的安全问题	安全风险等级参考			主要应对措施	责任单位
					可能性（1—5）	严重性（1—5）	风险等级（Ⅳ—Ⅰ）		
五、安全保卫（9 项）									
人员（3 项）	1	安保人员	安保人员年龄偏大，身体状况、业务素质达不到要求	不能胜任应急处置、值班巡逻、制止违法犯罪等单位内部安全保卫工作	4	3	Ⅲ	1. 从专业保安公司聘请合格的专职保安； 2. 清退不合格人员； 3. 对在职保安加强管理和培训	
			安保人员不能熟练使用安保器械		3	3	Ⅲ		
	2	监控人员	值班期间脱岗、离岗或在岗睡觉等责任心不强的现象	出现监控盲区，不能及时发现安全事故，影响事故处置	5	4	Ⅰ	1. 监控人员持证上岗； 2. 加强值班人员教育和管理； 3. 在值班室安装监控探头并接入当地公安部门	
	3	职工	下班或长时间不在岗时未关锁门窗	发生失窃事件	4	2	Ⅲ	1. 下班后或长时间不在岗位，要关窗锁门； 2. 保安、安全管理人员要开展定期巡查检查； 3. 要与职工签订安全责任书，明确岗位安全职责	

续表

风险因素	序号	风险点	潜在风险	易发的安全问题	安全风险等级参考			主要应对措施	责任单位
					可能性（1—5）	严重性（1—5）	风险等级（Ⅳ—Ⅰ）		
设备（2项）	4	产品合格	因使用了设计不符合要求、质量不合格的监控设备设施、安保器械等，使安全事故不能有效应对	易造成安全事故	5	5	Ⅰ	1. 使用符合国家标准和要求的监控设备设施、安保器械； 2. 由专业人员负责监控设备设施、消防设施的定期检查、检测、维修保养，并建立完善相关记录； 3. 对使用周期较短的设备配件，要预留备件，发现损坏及时更换	
	5	监控设备	不能实现重点部位全覆盖；设备布局不合理，无法达到预期效果	存在监控盲区，不能及时发现安全隐患和问题，出现事故后不能有效查找线索	4	4	Ⅱ	1. 所用重要区域、重要部位加装监控设施； 2. 确定盲区位置，增设监控设施	
			监控记录留存时间未达到规定要求		4	4	Ⅱ	增加硬盘容量，延长保持时间	

续表

风险因素	序号	风险点	潜在风险	易发的安全问题	安全风险等级参考			主要应对措施	责任单位
					可能性（1—5）	严重性（1—5）	风险等级（Ⅳ—Ⅰ）		
环境（1项）	6	围墙围栏	责任区域范围无围墙围栏圈护，可随意进出；围墙围栏低矮或防护措施破坏，可翻越	外来人员进入发生盗抢、破坏事件	5	4	Ⅰ	1. 加强巡逻； 2. 加高加装围墙围栏； 3. 加装铁丝网或监控探头的防护措施； 4. 对破损防护措施及时维修	
			出现裂缝、松动、墙漆脱落、倾斜等问题	发生倒塌事故，容易伤人	5	2	Ⅲ	经常检查，及时加固	
			汛期暴雨天气，围墙围栏受雨水浸泡，下陷或倾斜		5	2	Ⅲ		
管理（3项）	7	人员数量	专职安保人员和监控人员数量达不到规定标准，无法保证24小时在岗值守	不能胜任岗位工作，无法及时有效处置突发事件	4	4	Ⅱ	申请相关经费投入，按需配足配齐相关人员	
	8	教育培训	安全防范意识淡薄	发生盗偷抢等事件	5	4	Ⅰ	开展形式多样的安全防范教育培训，增强安全意识和责任意识	
	9	物防配备	钢叉、警棍、头盔、盾牌等安保器械数量不足	不能有效防控犯罪分子，制止犯罪行为	4	4	Ⅱ	按要求配置，定期检查补充更新	

续表

风险因素	序号	风险点	潜在风险	易发的安全问题	安全风险等级参考			主要应对措施	责任单位
					可能性(1—5)	严重性(1—5)	风险等级(Ⅳ—Ⅰ)		
六、公共卫生安全(18项)									
(一)环境卫生安全(4项)									
人员(1项)	1	用工合同	聘用的保洁人员未签署劳动用工合同,或合同不规范,影响聘用人员的权益、心理、情绪和工作态度,或产生劳资纠纷无依据	管理难度增加,易发生各种事故	5	5	Ⅰ	按照劳动法相关要求签订劳动用工合同并严格执行	
设备(3项)	2	树木	因虫蛀、老化等出现,清理不及时,易断裂	坠落伤人	4	2	Ⅲ	定期检查,及时清理枯枝;采取相关措施防范虫蛀现象	
			树冠大,遇风可能倾倒	砸伤人	4	2	Ⅲ	定时修剪,减小树冠	
			道路拐角处树木茂密,阻挡视线	引发道路交通事故	4	2	Ⅲ	及时清理树枝,尤其是低处的树枝,防止阻碍行车视线	
	3	排水	下水道排水不畅	导致倒灌、积水,引发次生灾害	4	2	Ⅲ	及时疏通排水道,汛期前要重新检查疏通一次	
	4	蚊虫鼠疫	未定期对责任区域室外灌木环境消灭蚊虫鼠等工作	传染疾病	4	2	Ⅲ	定期开展蚊虫鼠清理消灭工作	

续表

风险因素	序号	风险点	潜在风险	易发的安全问题	安全风险等级参考			主要应对措施	责任单位
					可能性（1—5）	严重性（1—5）	风险等级（Ⅳ—Ⅰ）		
（二）食堂食品安全（14 项）									
人员（3 项）	1	用工合同	聘用人员未签署劳动用工合同，或合同不规范，影响聘用人员的权益、心理、情绪和工作态度，或产生劳资纠纷无依据，使正常工作无法保障	管理难度增加，易发生各种事故	5	5	Ⅰ	按照劳动法相关要求签订劳动用工合同并严格执行	
	2	操作技能	不能熟练按照食品安全规范操作，安全操作意识不强	食堂设备无法正常工作，造成食品安全事故	4	4	Ⅱ	1. 加强食堂人员培训力度，所有人员参加上岗培训并通过考核，建立完善培训档案； 2. 卫生操作制度要上墙	
			工作不规范，未按要求穿工作服，佩戴头套、手套、口罩，直接接触食品	污染食品，引发食品安全事故	4	3	Ⅱ		
	3	健康情况	未经过健康体检，无健康证	身体健康状况不清楚，引发传染病疫情	5	5	Ⅰ	1. 经过有资质单位体检，取得健康证上岗； 2. 定时组织体检，建立完善个人健康档案	

续表

风险因素	序号	风险点	潜在风险	易发的安全问题	安全风险等级参考			主要应对措施	责任单位
					可能性(1—5)	严重性(1—5)	风险等级(Ⅳ—Ⅰ)		
设备(5项)	4	产品合格	炊事机械、燃气设施、搅拌等食堂专业设备使用了设计不符合要求、质量不合格的产品	易造成安全事故	5	5	Ⅰ	1. 使用符合国家标准和要求的食堂专用设备； 2. 定期检查、检测、维修保养，并建立完善相关记录； 3. 对使用周期较短的设备配件，要预留备件，发现损坏及时更换	
	5	安装规范	炊事机械、燃气设施、搅拌等食堂专业设备和相关场所未按照国家有关安全要求规范建设、安装	易造成安全事故	5	5	Ⅰ	按照国家有关规范要求建设安装	
	6	燃气、液化气罐	燃气、液化气罐等设备未按规定定期检验，及时关闭，使用时离火源近，导管老化	发生火灾或爆炸事故	5	4	Ⅰ	1. 由专业机构定期检查燃气设备； 2. 使用经过检测合格的燃气罐； 3. 液化气罐与灶头保持安全距离； 4. 定期检查更换导管，并建立完善相关记录； 5. 按照相关规定使用完及时关闭，下班后及时关闭供气阀门	

续表

风险因素	序号	风险点	潜在风险	易发的安全问题	安全风险等级参考			主要应对措施	责任单位
					可能性（1—5）	严重性（1—5）	风险等级（Ⅳ—Ⅰ）		
设备（5项）	7	设备混用	生熟案板混用，案板不能定时消毒	交叉感染，造成食物中毒	4	4	Ⅱ	1. 生熟案板全部粘贴标签，分开使用； 2. 定期进行高温消毒	
			冰箱生熟食品混放		4	4	Ⅱ	生熟食物存放要分开	
			留样冰箱非专用	留样交叉感染，留样无意义	4	4	Ⅱ	配备专用留样冰箱	
	8	排烟排风系统	未定期清理保养排风机、排油烟系统和管道，造成油烟无法排除，油垢堆积层厚	影响工作人员身体健康；发生火灾时，油垢可助燃	5	4	Ⅰ	按规定要求清理保养排风机、排油烟系统和管道	
环境（3项）	9	食品储存加工	无固定储存场所或场所不符合安全管理要求；原材料不干净，烹饪不熟烂，操作流程不规范	食品变质造成浪费，或造成食物中毒	4	4	Ⅱ	1. 建设合格的储存场所； 2. 加强原材料库存管理，定期开展原材料安全检查，建立完善出入库记录； 3. 加强食堂卫生管理，严格按照规程操作	
	10	餐厨卫生	餐具容器消毒不符合要求	因餐具不卫生，发生传染性疾病，或引发食物中毒	4	4	Ⅱ	按要求配备消毒设施，规范处理消毒餐具容器，避免受到二次污染	
			炊具清洗不及时，卫生条件差	污损食物，引发食品安全卫生事故	4	4	Ⅱ	及时清洗，保持炊具清洁卫生	

续表

风险因素	序号	风险点	潜在风险	易发的安全问题	安全风险等级参考			主要应对措施	责任单位
					可能性（1—5）	严重性（1—5）	风险等级（Ⅳ—Ⅰ）		
环境（3项）	11	就餐环境	就餐场所不符合卫生和安全管理要求	无法满足正常就餐需要	4	4	Ⅱ	按照相关卫生标准建设餐厅，并严格执行相关管理制度	
			食堂地面湿滑、油腻	人员滑倒摔伤	4	3	Ⅲ	及时清理，关键部位增加防滑垫等设施	
管理（3项）	12	食堂资质	未取得食品经营许可证	违规经营，责任不清	5	5	Ⅰ	取得资质方可开展生产经营	
	13	食堂管理	非工作人员随便出入食品操作间	污染食品或引发投毒事件	4	3	Ⅲ	加强管理，严禁非工作人员随意进入操作间	
	14	设施数量	食品加工、清消等设施设备不足	引发食品安全事件	4	4	Ⅱ	食堂量化等级达到B级以上，严格按照用餐人数要求配置相关设备	
七、后勤水暖电气安全（9项）									
（一）水暖安全（4项）									
设备（3项）	1	产品合格	水泵、锅炉、压力容器等供水供暖专业设备使用了设计不符合要求、质量不合格的产品	易造成安全事故	5	5	Ⅰ	1. 使用符合国家标准和要求的供水供暖专业设备； 2. 定期检查、检测、维修保养，并建立完善相关记录； 3. 对使用周期较短的设备配件，要预留备件，发现损坏及时更换	

续表

风险因素	序号	风险点	潜在风险	易发的安全问题	安全风险等级参考 可能性(1—5)	严重性(1—5)	风险等级(Ⅳ—Ⅰ)	主要应对措施	责任单位
设备(3项)	2	安装规范	供水供暖所需场所、所使用的各类设备设施未按照国家有关安全要求规范建设、安装	易造成安全事故	5	5	Ⅰ	按照国家有关规范要求建设安装	
	3	跑冒滴漏	各类出水设备在闭合的情况下出现跑冒滴漏现象	易影响正常工作	4	2	Ⅲ	1. 选用质量合格产品； 2. 定期组织巡检和维护保养，并建立完善相关记录； 3. 对使用周期较短的设备配件，要预留备件，发现损坏及时更换	
			暖气片出现砂眼或跑冒滴漏现象	易影响正常工作	4	2	Ⅲ		
管理(1项)	4	教育培训	节能意识淡薄，出现跑冒滴漏或浪费用水现象	易影响正常工作	4	2	Ⅲ	开展形式多样的节能教育培训，增强节能意识和责任意识	
(二)电气安全(5项)									
人员(1项)	1	职工使用规范	长时间不使用或下班后，用电设备不关机	线路短路引发断电或电气火灾事故	5	2	Ⅲ	1. 加强用电安全教育； 2. 明确各用电设备的安全责任； 3. 加强安全检查； 4. 使用合格的用电设备	
			用电设备关机但未切断电源或未关闭总电源		5	2	Ⅲ		
			直接接入用电设备的电源插座超负荷，或接入插座的接线板超负荷接入用电设备		5	3	Ⅱ		

续表

风险因素	序号	风险点	潜在风险	易发的安全问题	安全风险等级参考			主要应对措施	责任单位
					可能性（1—5）	严重性（1—5）	风险等级（Ⅳ—Ⅰ）		
人员（1 项）	1	职工使用规范	用电线路混乱，私拉乱接电源线	线路短路引发断电或电气火灾事故	5	2	Ⅲ	1. 加强用电安全教育； 2. 明确各用电设备的安全责任； 3. 加强安全检查； 4. 使用合格的用电设备	
			接线板连线等用电线路悬挂、靠近在暖气片等高温度热源		5	3	Ⅱ		
			用电设备散热部位未与易燃物品留出安全距离		5	2	Ⅲ		
			在楼内、屋内进行电动车充电		5	3	Ⅱ		
			违反部门规定私用电器		5	2	Ⅲ		
设备（3 项）	2	产品合格	发电机、变电器等供电专业设备及职工使用的各类用电设备使用了设计不符合要求、质量不合格的产品	易造成安全事故	5	5	Ⅰ	1. 使用符合国家标准和要求的供电专业设备及各类用电设备； 2. 定期检查、检测、维修保养供电设备，并建立完善相关记录； 3. 定期开展用电安全巡查检查，发现问题及时解决，并建立完善相关记录； 4. 对使用周期较短的设备配件，要预留备件，发现损坏及时更换	

续表

风险因素	序号	风险点	潜在风险	易发的安全问题	安全风险等级参考			主要应对措施	责任单位
					可能性(1—5)	严重性(1—5)	风险等级(Ⅳ—Ⅰ)		
设备(3项)	3	安装规范	发电机房、配电室所需场所、所使用的各类设备设施未按照国家有关安全要求规范建设、安装	易造成安全事故	5	5	Ⅰ	按照国家有关规范要求建设安装	
	4	设备破损	电线外露、插座破损或电线接头处未固定牢固	触电、线路短路引发断电或电气火灾事故	5	4	Ⅰ	定期开展用电安全巡查检查，发现问题及时解决，并建立完善相关记录	
管理(1项)	5	教育培训	用电安全意识淡薄，不会识别一般用电安全隐患	发生电气火灾或触电事故后不会处置	5	4	Ⅰ	开展形式多样的安全教育培训，增强安全意识、责任意识及处置技能	

扫码下载